国家级职业教育规划教材

人力资源和社会保障部职业能力建设司推荐

QUANGUO ZHONGDENG ZHIYE JISHU XUEXIAO JIANZHULEI ZHUANYE JIAOCAI

全国中等职业技术学校建筑类专业教材

建筑装饰设备安装

人力资源和社会保障部教材办公室组织编写

张 冬 主 编

陆雁飞 主 审

中国劳动社会保障出版社

简介

本教材共七章。主要内容包括建筑装饰设备安装的常用工具和现场施工安全，给排水系统施工图的识读与系统安装，建筑装饰电气施工图识读、强电设备与弱电设备安装，供暖工程施工图识读与系统安装，室内燃气管道施工图识读和燃气系统安装与安全使用，通风系统与空气调节系统常用设备与构件的安装，以及卫生间设备、厨房设备、热水器的安装管理。每节配有思考与练习，帮助学生巩固所学内容。

本教材由张冬任主编，黄飞鹰、朱冬青参加编写。陆雁飞审稿。

图书在版编目(CIP)数据

建筑装饰设备安装/张冬主编. —北京：中国劳动社会保障出版社，2015
全国中等职业技术学校建筑类教材
ISBN 978-7-5167-1640-3

Ⅰ.①建… Ⅱ.①张… Ⅲ.①建筑装饰-设备安装-中等专业学校-教材 Ⅳ.①TU238

中国版本图书馆 CIP 数据核字(2015)第 059737 号

中国劳动社会保障出版社出版发行
（北京市惠新东街 1 号 邮政编码：100029）

*

三河市潮河印业有限公司印刷装订 新华书店经销

787 毫米×1092 毫米 16 开本 12 印张 191 千字
2015 年 4 月第 1 版 2025 年 7 月第 4 次印刷
定价：22.00 元

营销中心电话：400-606-6496
出版社网址：http://www.class.com.cn

出版说明

本套教材共计27种，分为“建筑施工”“建筑设备安装”和“建筑装饰”三个专业方向。教材的编审人员由教学经验丰富、实践能力强的一线骨干教师和来自企业的专家组成，在对当前建筑行业技能型人才需求及学校教学实际调研和分析的基础上，进一步完善了教材体系，更新了教材内容，调整了表现形式，丰富了配套资源。

教材体系 补充开发了《建筑装饰工程计量与计价》《建筑装饰材料》《建筑装饰设备安装》等教材；将《建筑施工工艺》与《建筑施工工艺操作技能手册》合并为《建筑施工工艺与技能训练》。调整后，教材体系更加合理和完善，更加贴近岗位与教学实际。

教材内容 根据建筑行业的发展和最新行业标准，更新了教材内容。按照目前行业通行做法，将“建筑预算与管理”的内容更新为“建筑工程计量与计价”；为重点培养学生快速表现技法能力，将“建筑装饰效果图表现技法”的内容更新为“室内设计手绘快速表现”；《室内效果图电脑制作（第二版）》，以3DS MAX 10.0版本作为教学软件载体；新材料、新设备在相关教材中也得到了体现。

表现形式 根据教学需要增加了大量来源于生产、生活实际的案例、实例、例题以及练习题，引导学生运用所学知识分析和解决实际问题；加强了图片、表格的运用，营造出更加直观的认知环境；设置了“想一想”“知识拓展”等栏目，引导学生自主学习。

配套资源 同步修订了配套习题册；补充开发了与教材配套的电子课件，可登录www.class.com.cn在相应的书目下载。

目　录

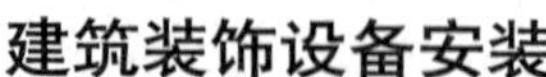

第一章　建筑装饰设备安装工具与现场施工安全

学习目标

1. 掌握水路、电路施工主要工具的使用方法。
2. 能在设备安装施工中选择合适的工具。
3. 熟悉设备安装施工安全注意事项，树立安全施工意识。
4. 能进行现场安全施工督查。

第一节　建筑装饰设备安装常用工具

一、水路施工常用工具

1. 管材剪刀（切管器）（图 1—1—1）

管材剪刀（切管器）主要用来切割管径为 40 mm 以下的 PPR、PVC 管材，操作方法同剪刀。

2. 切管刀（图 1—1—2）

切管刀主要用来切割铜管、铝管、钢管等管件，切管时管件安置在中间，铜管旋转螺旋来进行管件切割。图中工具附带毛边刮除器，可以对切割完的钢管进行毛

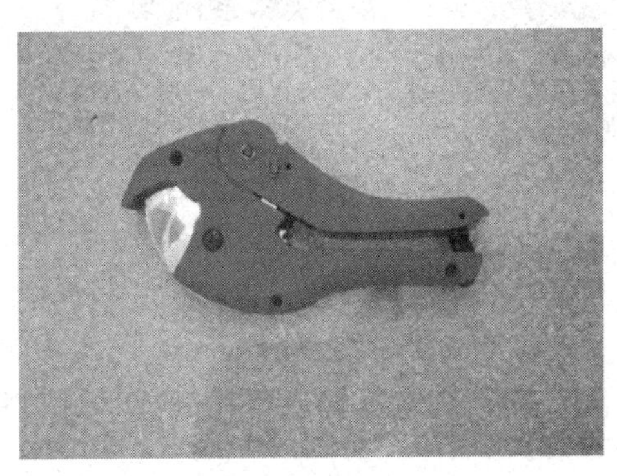

图 1—1—1　管材剪刀（切管器）

图 1—1—2　切管刀

边刮除处理。

3. PPR 热熔器（图 1—1—3）

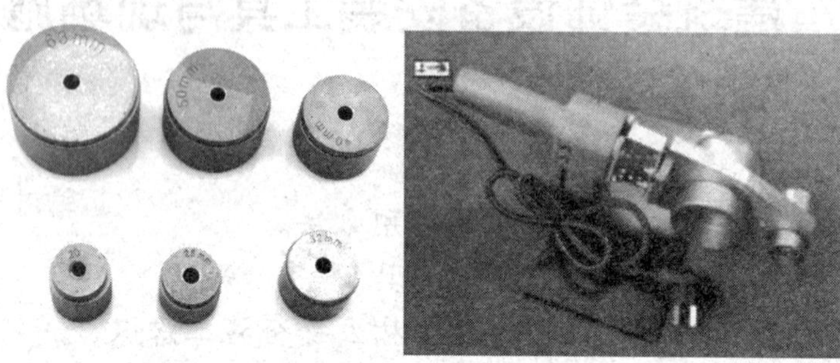

图 1—1—3　PPR 热熔器及模头

PPR 热熔器，也称热合器、热合机等，适用于加热对接 PPR 管，简单实用，有可调节温控和固定温控两种。热熔器的使用方法及步骤如下（图 1—1—4）。

查看模头是否完整

用螺纹将模头固定在加热板上

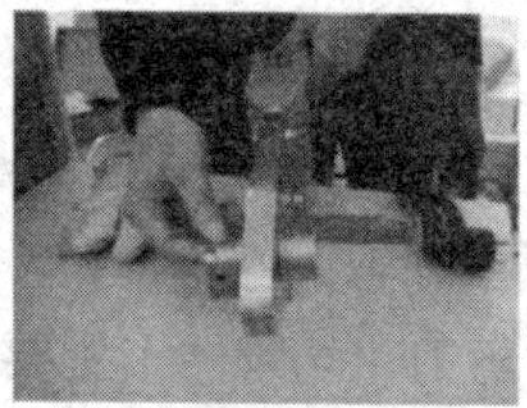

用六角扳手加固模头

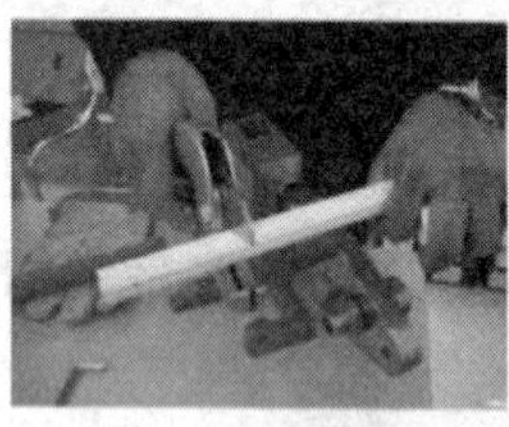

首先用剪刀按使用长度垂直剪断PPR管，要保持断口平整、不倾斜，将管材及管件熔接表面的灰尘、脏物除净，将管材及管件垂直插入热熔焊头。

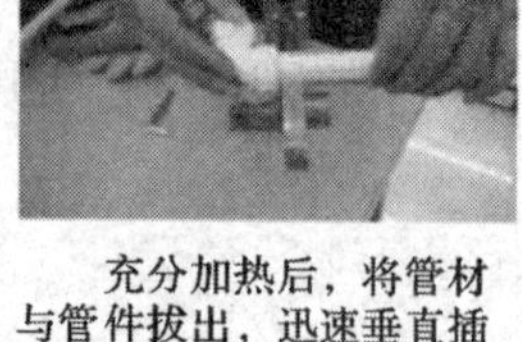

充分加热后，将管材与管件拔出，迅速垂直插入并维持一段时间，正常熔接时在接合面应有一均匀的熔接圈。

图 1—1—4　PPR 热熔器使用方法及步骤

（1）使用前检查

1）拖线板、电线、插头、插座是否完好，热熔器具是否松动或损坏，模头是否完整。

2）管材、管件是否同一品牌。

（2）正规厂家生产的热熔器一般有红绿指示灯，红灯代表加温，绿灯代表恒温，第一次达绿灯时不可使用，必须第二次达绿灯时方可使用。热熔时温度在260 ~ 280℃，低于或高于该温度，都会造成连接处不能完全熔合，留下渗水隐患。

（3）在施工前应检查每根管材的两端是否有损伤，以防止运输过程中对管材产生的损害，如有损害或不确定，管安装时，端口应减去 4 ~ 5 cm，并不可用锤子或重物敲击水管，以预防管道爆管，相对提高使用寿命。

（4）切割管材必须使端面垂直于管轴线，管材切割应使用专用管剪。

（5）加热时，无旋转地把管端导入加热模头套内，插入到所标识的深度，同时，无旋转地把管件推到加热模头上，达到规定标志处。

（6）达到加热时间后，立即把管材、管件从加热模具上同时取下，迅速无旋转地直线均匀插入至已热熔的深度，使接头处形成均匀凸缘，并要控制插进去后的反弹。

（7）在表 1—1—1 规定的加工时间内，刚熔接好的接头还可校正，可少量旋转，但过了加工时间，严禁强行校正。注意：接好的管材和管件不可有倾斜现象，要做到基本横平竖直，避免在安装龙头时角度不对，不能正常安装。

（8）在规定的冷却时间内，严禁让刚加工好的接头处承受外力。

表 1—1—1　热熔器连接水管参数规定

水管直径（mm）	加热深度(mm)	加热时间(s)	加工时间(s)	冷却时间(min)
20	14	5	4	3
25	15	7	4	3
32	16.5	8	4	4
40	18	12	6	4.5
50	20	18	6	5
63	24	24	7	6

4. 套丝机（图 1—1—5）

套丝机又名电动套丝、电动切管套丝机、铰丝机、管螺纹套丝机、钢筋套丝机，是钢管连接的主要工具之一。套丝机把手动管螺纹铰板电动化，它使管道安装时的管螺纹加工变得轻松、快捷，降低了管道安装工人的劳动强度。

图 1—1—5　套丝机

套丝机工作时，先把要加工螺纹的管子放进管子卡盘，撞击卡紧，按下启动开关，管子就随卡盘转动，调节板牙头上的板牙开口大小，设定好丝口长短。然后，顺时针扳动进刀手轮，使板牙头上的板牙刀以恒力贴紧转动的管子端部，板牙刀就自动切削套丝，同时冷却系统自动为板牙刀喷油冷却，等丝口加工到预先设定的长度时，板牙刀就会自动张开，丝口加工结束。关闭电源，撞开卡盘，取出管子。

套丝机还具有管子切断功能，把管子放入管子卡盘，撞击卡紧，启动开关，放下进刀装置上的割刀架，扳动进刀手轮，使割刀架上的刀片移动至想要割断的长度点，渐渐旋转割刀上的手柄，使刀片挤压转动的管子，管子转动 4 圈或 5 圈后被刀片挤压切断。

二、电路施工常用工具

1. 试电笔（图 1—1—6）

试电笔也叫测电笔，简称“电笔”，是一种电工工具，用来测试电线中是否带电。笔体中有一个氖泡，测试时如果氖泡发光，说明导线有电，或者为通路的火线。试电笔中笔尖、笔尾为金属材料制成，笔杆为绝缘材料制成。使用试电笔时，一定要用手触及试电笔尾端的金属部分，否则，会因带电体、试电笔、人体与大地没有形成回路，试电笔中的氖泡不会发光，造成误判，认为带电体不带电。

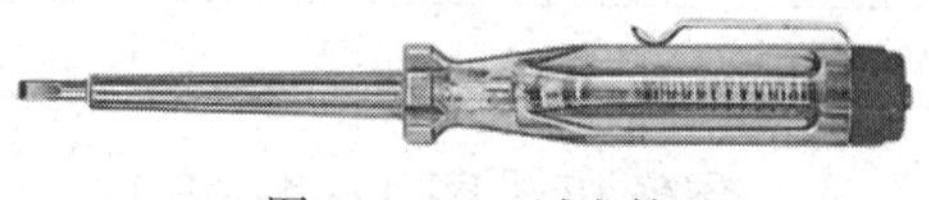

图 1—1—6　试电笔

（1）试电笔的分类

1）按照测量电压的高低分

①高压测电笔。用于 10 kV 及以上项目作业，为电工的日常检测用具。

②低压测电笔。用于线电压 500 V 及以下项目的带电体检测。

③弱电测电笔。用于电子产品的测试，一般测试电压为 6 ~ 24 V。为了便于使用，电笔尾部常带有一根带夹子的引出导线。

2）按照接触方式分

①接触式试电笔。接触式试电笔是通过接触带电体获得电信号的检测工具。通常形状有一字旋具式，兼试电笔和一字旋具用；钢笔式，直接在液晶窗口显示测量数据。

②感应式试电笔。采用感应式测试，无须物理接触，可检查控制线、导体和插座上的电压或沿导线检查断路位置，可以极大限度保障检测人员的人身安全。

（2）使用方法。使用时，必须手指触及笔尾的金属部分，并使氖管小窗背光且朝向自己，以便观测氖管的亮暗程度，防止因光线太强造成误判，其正确握法如图 1—1—7 所示。

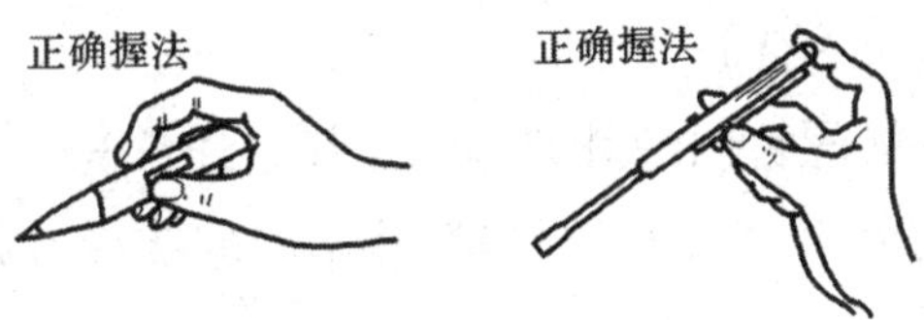

图 1—1—7　试电笔正确握法

当用电笔测试带电体时，电流经带电体、电笔、人体及大地形成通电回路，只要带电体与大地之间的电位差超过 60 V 时，电笔中的氖管就会发光。低压验电器检测的电压范围为 60 ~ 500 V。

（3）注意事项

1）使用前，必须在有电源处对验电器进行测试，以证明该验电器性能良好，方可使用。

2）验电时，应使验电器逐渐靠近被测物体，直至氖管发亮，不可直接接触被测体。

3）验电时，手指必须触及笔尾的金属体，否则带电体会误判为非带电体。

4）验电时，要防止手指触及笔尖的金属部分，以免造成触电事故。

2. 电工刀（图 1—1—8）

电工刀是电工常用的一种切削工具。普通的电工刀由刀片、刀刃、刀柄、刀挂等构成。不用时，把刀片收缩到刀柄内。刀片根部与刀柄相铰接，其上带有刻度线及刻度标识，前端形成有旋具刀头、两面加工有锉刀面区域，刀刃上具有一段内凹形弯刀口，弯刀口末端形成刀口尖，刀柄上设有防止刀片退弹的保护钮。电工刀的刀片汇集有多项功能，使用时只需一把电工刀便可完成连接导线的各项操作，无须携带其他工具，具有结构简单、使用方便、功能多样等特点。

图 1—1—8　电工刀

在使用电工刀时：

（1）不得用于带电作业，以免触电。

（2）应将刀口朝外剖削，并注意避免伤及手指。

（3）剖削导线绝缘层时，应使刀面与导线成较小的锐角，以免割伤导线。

（4）使用完毕，随即将刀身折进刀柄。

3. 旋具（图 1—1—9）

旋具是一种用来拧转螺钉以使其就位的工具，通常有一个薄楔形头，可插入螺钉头的槽缝或凹口内，亦称“改锥”。旋具按不同的头型可以分为一字、十字、米字、星型（计算机）、方头、六角头、Y 形头部等，其中一字和十字是生活中最常用的，在安装、维修中都要用到。

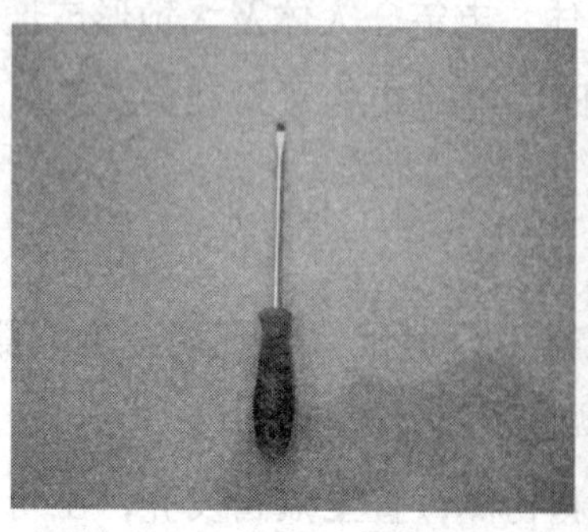 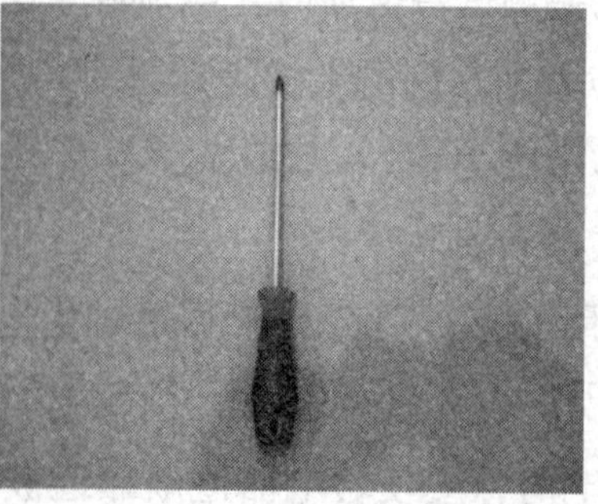

图 1—1—9　旋具（左“一”字、右“十”字）

（1）旋具操作方法

1）旋具较大时，除拇指、食指和中指要夹住握柄外，手掌还要顶住柄的末端以防旋转时滑脱。

2）旋具较小时，用拇指和中指夹着握柄，同时用食指顶住柄的末端用力旋动。

3）旋具较长时，用右手压紧手柄并转动，同时左手握住旋具的中间部分（不可放在螺钉周围，以免将手划伤），以防止旋具滑脱。

（2）注意事项

1）带电作业时，手不可触及旋具的金属杆，以免发生触电事故。

2）作为电工，不应使用金属杆直通握柄顶部的旋具。

3）为防止金属杆触及人体或邻近带电体，金属杆应套上绝缘管。

4. 钢丝钳（图 1—1—10）

钢丝钳在电工作业中用途广泛，钳口可用来弯绞或钳夹导线线头；齿口可用来紧固或起松螺母；刀口可用来剪切导线或剖削导线绝缘层；侧口可用来铡切导线线芯、钢丝等较硬线材。钢丝钳使用方法如图 1—1—11 所示。

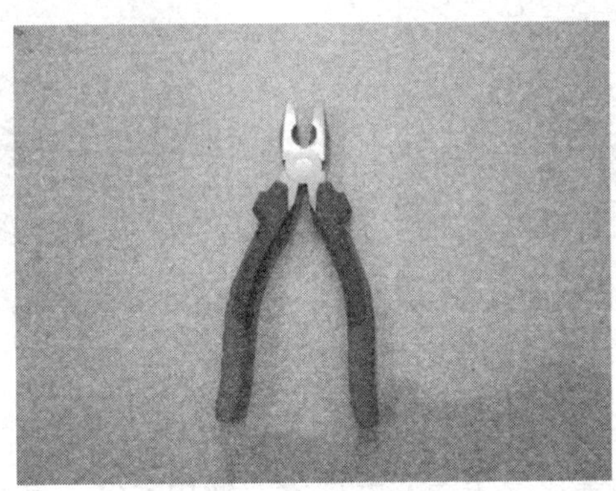

图 1—1—10　钢丝钳

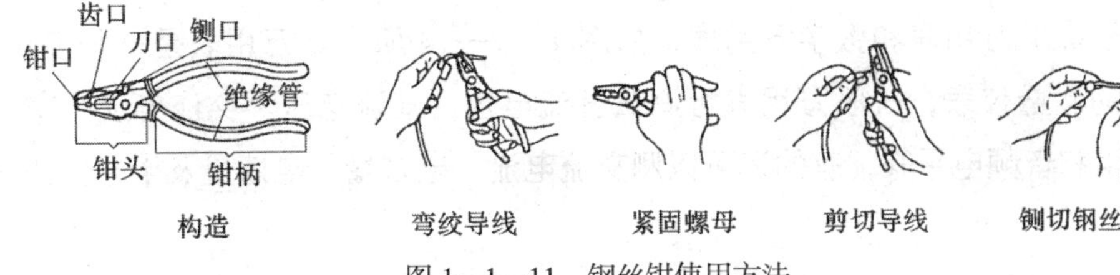

图 1—1—11　钢丝钳使用方法

注意事项：

（1）使用前，检查钢丝钳绝缘是否良好，以免带电作业时造成触电事故。

（2）在带电剪切导线时，不得用刀口同时剪切不同电位的两根线（如相线与零线、相线与相线等），以免发生短路事故。

5. 尖嘴钳（图 1—1—12）

尖嘴钳因其头部尖细，适用于在狭小的工作空间内操作。

尖嘴钳可用来剪断较细小的导线；可用来夹持较小的螺钉、螺母、垫圈、导线等；也可用来对单股导线整形（如平直、弯曲等）。若使用尖嘴钳带电作业，应检查其绝缘是否良好，并在作业时金属部分不要触及人体或邻近的带电体。

6. 剥线钳（图 1—1—13）

剥线钳是专用于剥削较细小导线绝缘层的工具。使用剥线钳剥削导线绝缘层时，先将要剥削的绝缘层长度用标尺定好，然后将导线放入相应的刃口中（比导线直径稍大），再用手将钳柄一握，导线的绝缘层即被剥离。

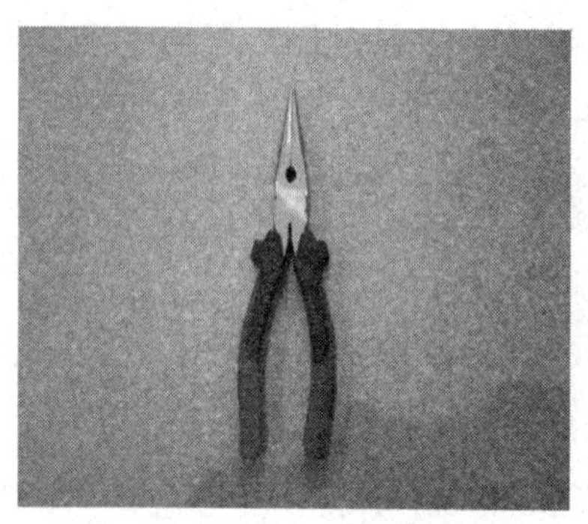

图 1—1—12　尖嘴钳

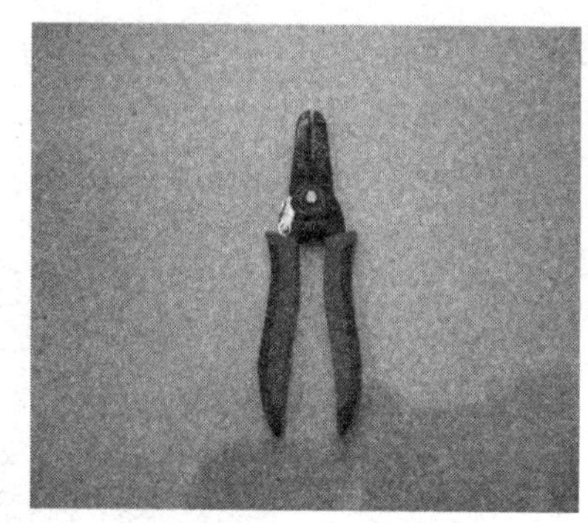

图 1—1—13　剥线钳

7. 万用表

万用表又称为复用表、多用表、三用表、繁用表等，是电力电子等行业不可缺少的测量仪表，一般以测量电压、电流和电阻为主要目的。万用表按显示方式分为指针（模拟）万用表和数字万用表，如图 1—1—14 所示。万用表是一种多功能、多量程的测量仪表，一般万用表可测量直流电流、直流电压、交流电流、交流电压、电阻和音频电平等，有的还可以测交流电流、电容量、电感量及半导体的一些参数等。

a）

b）

图 1—1—14　万用表

a）模拟万用表　b）数字万用表

模拟万用表的使用方法如下：

（1）使用前的检查与调整。在使用万用表进行测量前，应进行下列检查、调整：

1）外观应完好无损，当轻轻摇晃时，指针应摆动自如。

2）旋动转换开关，应切换灵活无卡阻，挡位应准确。

3）水平放置万用表，转动表盘指针下面的机械调零螺钉，使指针对准标度尺左边的 0 位线。

4）测量电阻前应进行电调零（每换挡一次，都应重新进行电调零），即将转换开关置于欧姆挡的适当位置，两支表笔短接，旋动欧姆调零旋钮，使指针对准欧姆标度尺右边的 0 位线，如指针始终不能指向 0 位线，则应更换电池。

5）检查表笔插接是否正确，黑表笔应接“–”极或“*”插孔，红表笔应接“+”。

6）检查测量仪表是否有效，即应用欧姆挡，短时碰触两表笔，指针应偏转灵敏。

（2）直流电阻的测量

1）首先应断开被测电路的电源及连接导线。若带电测量，将损坏仪表；若在路测量，将影响测量结果。

2）合理选择量程挡位，以指针居中或偏右为最佳。测量半导体器件时，不应选用 R×1 挡和 R×10 k 挡。

3）测量时表笔与被测电路应接触良好。双手不得同时触及表笔的金属部分，以防将人体电阻并入被测电路造成误差。

4）正确读数并计算出实测值。

5）切不可用欧姆挡直接测量微安表头、检流计、电池内阻。

（3）电压的测量

1）测量电压时，表笔应与被测电路并联。

2）测量直流电压时，应注意极性。若无法区分正、负极，则先将量程选在较高挡位，用表笔轻触电路，若指针反偏，则调换表笔。

3）合理选择量程。若被测电压无法估计，先应选择最大量程，视指针偏摆情况再做调整。

4）测量时应与带电体保持安全间距，手不得触及表笔的金属部分。测量高电压时 (500 ~ 2 500 V)，应戴绝缘手套且站在绝缘垫上使用高压测试笔进行。

（4）电流的测量

1）测量电流时，应与被测电路串联，切不可并联。

2）测量直流电流时，应注意极性。

3）合理选择量程。

4）测量较大电流时，应先断开电源然后再撤表笔。

（5）注意事项

1）测量过程中不得换挡。

2）读数时，应三点成一线（眼睛、指针、指针在刻度中的投影）。

3）根据被测对象，正确读取标度尺上的数据。

4）测量完毕应将转换开关置空挡或 OFF 挡或电压最高挡。若长时间不用，应取出内部电池。

8. 兆欧表

兆欧表俗称摇表（图 1—1—15）。兆欧表大多采用手摇发电机供电，故又称摇表，它的刻度是以兆欧 (MΩ) 为单位的。兆欧表是电工常用的一种测量仪表，主要用来检查电气设备、家用电器或电气线路对地及相间的绝缘电阻，以保

证这些设备、电器和线路工作在正常状态下，避免发生触电伤亡及设备损坏等事故。

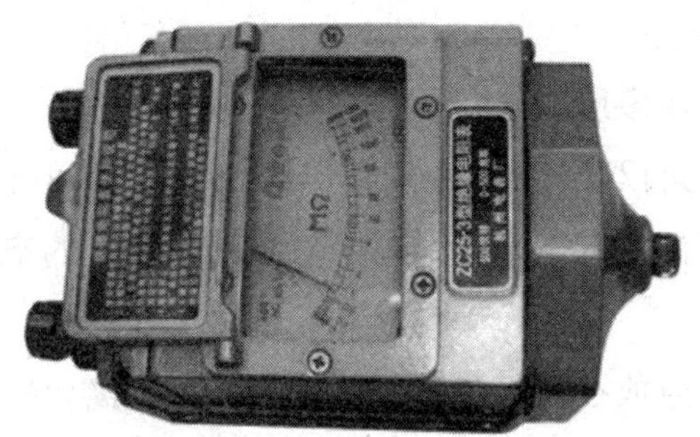

图 1—1—15　兆欧表

（1）兆欧表的选用。兆欧表的选用，主要是选择其电压及测量范围，高压电气设备需使用电压高的兆欧表，低压电气设备需使用电压低的兆欧表。一般选择原则是：额定电压在 500 V 以下的电气设备选用 500 ~ 1 000 V 的兆欧表；500 V 以上的电气设备选用 1 000 ~ 2 500 V 的兆欧表；瓷瓶、母线、刀闸应选用 2 500 V 以上的兆欧表。

兆欧表测量范围的选择原则：要使测量范围适应被测绝缘电阻的数值，以免读数时产生较大的误差。如有些兆欧表的读数不是从零开始，而是从 1 MΩ 或 2 MΩ 开始。这种表就不适宜用于测定处在潮湿环境中的低压电气设备的绝缘电阻。因为这种设备的绝缘电阻有可能小于 1 MΩ，使仪表得不到读数，容易误认为绝缘电阻为零，而得出错误结论。摇表的表盘刻度线上有两个小黑点，小黑点之间的区域为准确测量区域。所以在选表时应使被测设备的绝缘电阻值在准确测量区域内。

（2）兆欧表使用前的准备。兆欧表在工作时，自身产生高电压，而测量对象又是电气设备，所以必须正确使用，否则就会造成人身或设备事故。兆欧表使用要做好以下准备：

1）测量前必须将被测设备电源切断，并对地短路放电，决不允许设备带电进行测量，以保证人身和设备的安全。

2）对可能感应出高压电的设备，必须消除这种可能性后，才能进行测量。

3）被测物表面要清洁，减小接触电阻，确保测量结果的正确性。

4）测量前要检查兆欧表是否处于正常工作状态，主要检查其“0”和“∞”两点。即摇动手柄，使发电机达到额定转速，兆欧表在短路时应指在“0”位置，开路时应指在“∞”位置。

5）兆欧表引线应用多股软线，而且应有良好的绝缘。

6）不能全部停电的双回架空线路和母线，在被测回路的感应电压超过 12 V 时，或当雷雨发生时的架空线路及与架空线路相连接的电气设备，禁止进行测量。

7）兆欧表使用时应放在平稳、牢固的地方，且远离大的外电流导体和外磁场。

（3）接线。一般兆欧表上有三个接线柱，“L”表示“线”或“火线”接线柱；“E”表示“地”接线柱，“G”表示屏蔽接线柱。一般情况下“L”和“E”接线柱，用有足够绝缘强度的单相绝缘线将“L”和“E”分别接到被测物导体部分和被测物的外壳或其他导体部分（如测相间绝缘）。测量电力线路或照明线路的绝缘电阻时“L”接被测线路，“E”接地线。测量电动机的绝缘电阻时，E 端接电动机的外壳，L 端接电动机的绕组。测量电缆的绝缘电阻时，为使测量结果精确，消除线芯绝缘层表面漏电所引起的测量误差，还应将“G”接到电缆的绝缘纸上。

在特殊情况下，如被测物表面受到污染不能擦干净、空气太潮湿、或者有外电磁场干扰等，就必须将“G”接线柱接到被测物的金属屏蔽保护环上，以消除表面漏流或干扰对测量结果的影响。

（4）测量。摇动发电机使转速达到额定转速（120 r/min）并保持稳定。一般采用 1 min 之后的读数，当被测物电容量较大时，应延长时间，以指针稳定不变时为准。

（5）拆线。在兆欧表没停止转动和被测物没有放电时，不能用手触及被测物和进行拆线工作，必须先将被测物对地短路放电，然后再停止兆欧表的转动，防止电容放电损坏兆欧表。

（6）兆欧表使用注意事项

1）禁止在雷电时或高压设备附近测绝缘电阻，只能在设备不带电，也没有感应电的情况下测量。

2）摇测过程中，被测设备上不能有人工作。

3）摇表线不能绞在一起，要分开。

4）摇表未停止转动或被测设备未放电，严禁用手触及。拆线时，也不要触及引线的金属部分。

5）测量结束时，对于大电容设备要放电。

6）要定期校验其精度。

9. 相位检测仪（图 1—1—16）

相位检测仪应用于电力线路、变电所的相位校验和相序校验，具有核相、测相序、验电等功能；具备很强的抗干扰性，符合（EMC）标准要求，适应各种电磁场干扰场合。被测高电压相位信号由采集器取出，经过处理后直接发射出去。由接收器接收并进行相位比较，对核相后的结果定性。因是无线传输，真正达到安全可靠、快速准确，适应各种核相场合。

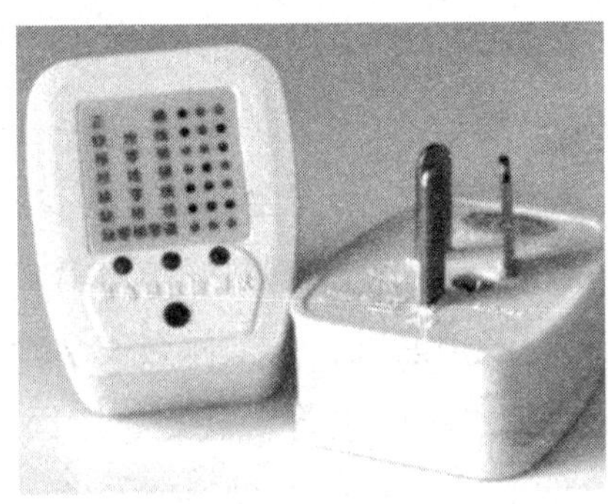

图 1—1—16　相位检测仪

（1）用途。检测新房电路是否漏电、缺接地线或零线火线接反（主要用于精装房或清水房装修后验房）。

（2）用法。相位检测仪的外形就像一个三相插头。将其插入各个插座的三相孔中，观察仪器表面 3 个 LED 小灯或亮或灭的工作状态，并直接对照检测仪表面标注的小灯工作组合图，就能获知插座是否存在各种电源安全问题。

思考与练习

1. 水路安装中钢管连接主要用什么工具？简述操作方法。
2. 电路安装的检测工具主要有哪些？分别介绍它们的用途。

第二节　建筑装饰设备安装现场施工安全

装饰工程是事故风险较高的行业，政府对建筑安全问题极为重视，并制定了“预防为主、安全第一、综合治理”的安全工作方针。近年来，国家对建筑工程的管理力度加大并要求所有建筑工程从建设单位到分包单位配备安全员，并要求对施工作业人员实行三级安全教育（厂级教育、车间教育、班组教育）；特殊工种和高危岗位的工作人员要通过国家相关部门的考试后持证上岗。

一、个人防护

（1）进入施工现场，必须戴好安全帽，扣好帽带，正确使用个人劳动防护用品；特种作业人员必须持证上岗。

（2）两米以上高度、悬空作业、无安全设施的，必须系好安全带、扣好保险钩，如在光滑的地面使用梯子，必须在梯脚做好防滑措施。

（3）严禁高空作业穿拖鞋及滑底鞋，必须佩戴安全帽、安全带，安全帽带要系紧，防止磕碰头部。施工用脚手架必须符合规定，牢固、安全，避免发生安全事故。

二、用电安全

（1）各工种向电气开关柜（箱）接电，需按规定由专业电工连接，安全保护装置齐全、可靠，并按规定设置。

（2）各类电气设备、线路不准超负荷使用，接头必须接实、接牢，以免线路过热或打火断路，发生问题应立即修理。

（3）施工使用的电钻、电锤、冲击钻、曲线锯、切割机等机具，使用前应进行安全检查，操作时要严格遵守机具使用说明及操作规则，保证人身安全。

（4）电线选用。选电线时最好选择合格的铜质电线，不要用铝线，铝线的导电性差，容易引发火灾。另外，施工时要使用三种不同颜色外皮的塑质铜芯导线，以便区分火线、零线和接地保护线，切不可图省事用一种或两种颜色的电线完成电路改造。

（5）插座安全注意事项

1）明装插座距地面应不低于 1.8 m。

2）暗装插座距地面不低于 0.3 m，为防止儿童触电、用手指触摸或用金属物插捅电源的孔眼，一定要选用带有保险挡片的安全插座。

3）单相二眼插座的施工接线要求：当孔眼横排列时为“左零右火”；竖排列时为“上火下零”。

4）单相三眼插座的施工接线要求：最上端的接地孔眼一定要与接地线接牢、接实、接对，决不能不接；余下的两孔眼按“左零右火”的规则接线，需要注意的是零线与保护接地线切不可错接或接为一体。

5）电冰箱应使用独立的、带有保护接地的三眼插座。严禁自做接地线接于煤气管道上，以免发生严重的火灾事故。

6）为保证住户的绝对安全，抽油烟机的插座也要使用三眼插座，接地孔的保护决不可掉以轻心。

7）卫生间常用来洗澡冲凉，易潮湿，不宜安装普通型插座。

三、防火安全

（1）现场内严禁随意动用明火，凡是进入施工现场的施工人员禁止吸烟，施工现场严禁酒后作业，酒后不得进入施工现场。

（2）施工现场的材料，每天整理归类，长短厚薄分开，妥善保管。每天安排工人清扫现场，清运垃圾。现场必须做到工完场清，施工现场必须保持整洁、通畅。

（3）防火材料使用。在装修中要注意采用防火材料，按照国家标准《建筑内部装修防火施工及验收规范》（GB 50354—2005）的相关规定，一定要选配达标的装饰材料。室内吊顶应采用非燃材料，墙面、地面和基层应采用非燃或难燃材料。吊顶的龙骨、橱柜等木质材料要进行防火处理。另外，所有电气线路均应穿套管，接线盒、开关、槽灯、吸顶灯及发热器件周围应用非燃材料进行防火隔热处理。

（4）注意开窗通风。装修的过程中会大量使用油漆、涂料及稀释剂等，易于挥发。若室内通风不良，油漆挥发出的气体就不易排出，会大量聚于室内。挥发的气体与空气混合形成易爆的混合气体，遇到明火容易爆炸；当达到其爆炸极限时，稍

不注意，一拉电灯开关，或者开启电动工具，产生的电火花便会引发火灾或者爆炸，后果不堪设想。

思考与练习

1. 简述选择电线的注意事项。
2. 对于防火材料的选择和使用有哪些注意事项？

第二章　给排水系统安装

学习目标

1. 了解给水、排水系统的分类、组成、材料与系统配附件。
2. 能识别居家厨房、卫生间给排水系统的组成，识别相关材料、配附件。
3. 熟悉给排水系统图样的基本内容，能识读给排水施工图。
4. 能安装建筑装饰水系统，并能进行质量验收。

第一节　给排水系统概述

一、生活中的给水系统

1. 给水系统的分类

（1）生活给水系统。生活给水系统是提供人们在日常生活中饮用、烹饪、盥洗、沐浴、洗涤等用水的给水系统。生活用水水质必须符合国家规定的生活饮用水卫生标准。

（2）生产给水系统。生产给水系统是供给各类产品生产过程中所需的用水、生产设备的冷却、原料和产品的洗涤及锅炉用水等的给水系统。生产用水对水质、水量、水压及安全性随工艺要求的不同，存在较大差异。

（3）消防给水系统。消防给水系统是提供消防灭火设施用水的给水系统。消防用水对水质的要求不高，但必须按照建筑设计防火规范保证足够的水量和水压。

2. 给水系统的组成

给水系统是通过管道及辅助设备，按照建筑物和用户的生产、生活和消防的需要有组织地输送到用水地点的网络。如图 2—1—1 所示，建筑物内部给水系统一般由下列部分组成。

（1）水表节点。水表节点是引入管上装设的水表及其前后设置的阀门、泄水装

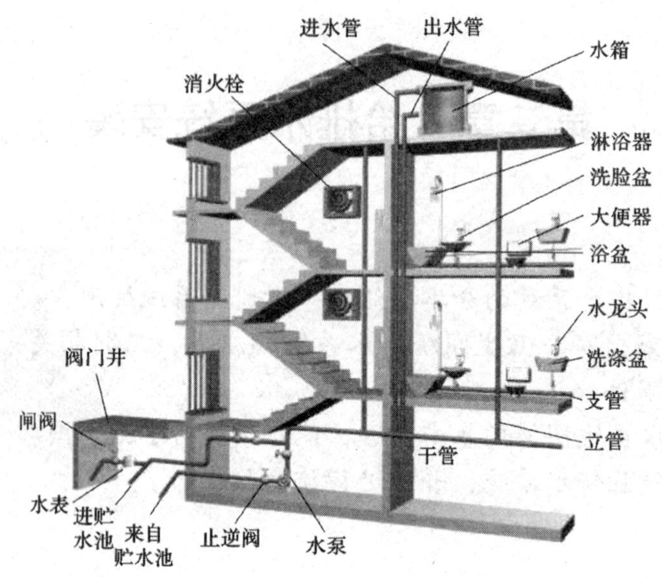

图 2—1—1　室内给水系统

置的总称。室内给水量通常采用水表计量。必须单独计量水量的建筑物，应在引入管上装设水表；对于民用住宅，应安装单户水表（图 2—1—2）。阀门用于关闭管网，以便修理和拆换水表。

图 2—1—2　水表

（2）管网（图 2—1—3）。建筑给水管网是指将水输送到建筑内部各用水点的管道，由水平干管、立管、支管等组成。

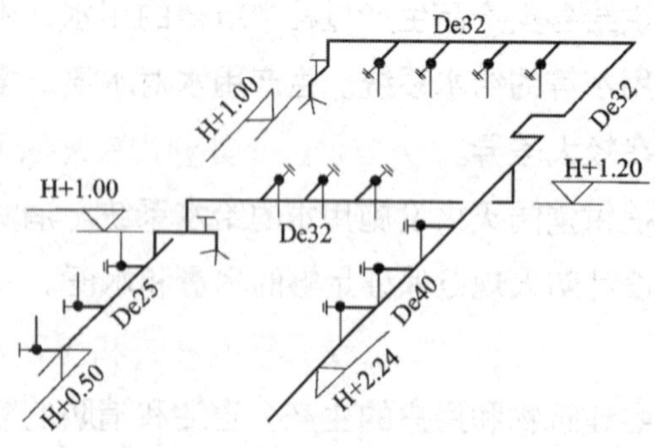

a）

b）

图 2—1—3　管网

a）管网设计图　b）管网敷设

水平干管是连接引入管与给水立管的管段。立管是将干管送来的水沿垂直方向输送至各楼层配水支管的管段。支管是将水从立管输送至各用水设备的管段。

（3）给水附件（见图 2—1—4）。给水附件是为了便于取用、调节和检修，在给水管路上需要设置的各种阀门和配水龙头等的总称。

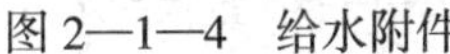

图 2—1—4　给水附件

（4）升压和贮水设备。升压和贮水设备是指在室外给水管网水压不足或室内对供水安全和水压稳定有较高要求的情况下，设置的各种水泵、水箱及气压给水设备等。

（5）室内消防设备。根据《建筑设计防火规范》(GB 50016—2006) 的要求，需要设置室内消防给水系统时，一般应设消火栓，有特殊要求时，还应设置自动喷水灭火装置。

3. 给水方式

（1）直接给水方式（图 2—1—5）。建筑物内部只设有给水管道系统，不设升压和贮水设备，室内给水管道系统与室外供水管网直接相连，利用室外管网压力直接向室内给水系统供水。这是最为简单、经济的给水方式。

直接给水方式适用于室外管网水量和水压充足，能够全天保证室内用户用水要求的地区。它的优点是给水系统简单，投资少，安装维修方便，充分利用室外管网水压，供水较为安全可靠。缺点是系统内部无贮备水量，当室外管网停水时，室内系统立即断水。

（2）设有水箱的给水方式（图 2—1—6）。建筑物内部设有管道系统和屋顶水箱（亦称高位水箱），且室内给水系统与室外给水管网直接连接。当室外管网压力能够满足室内用水需要时，则由室外管网直接向室内管网供水，并向水箱充水，以贮备一定水量。当高峰用水时，室外管网压力不足，由水箱向室内系统补充供水。为了防止水箱中的水回流至室外管网，在引入管上要设置止回阀。

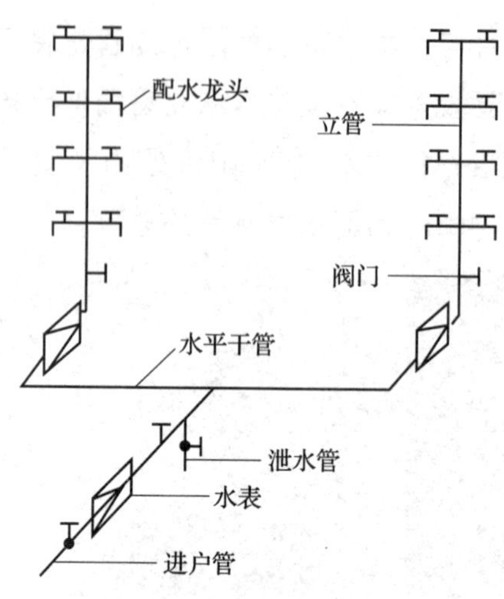

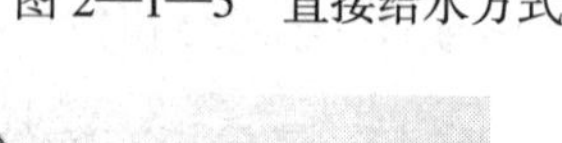
图 2—1—5　直接给水方式

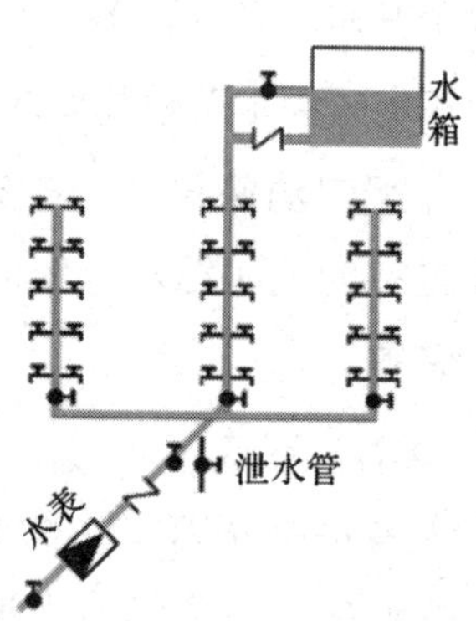

图 2—1—6　水箱和设有水箱的给水方式

这种给水方式适用于室外管网水压周期性不足及室内用水要求水压稳定，并且允许设置水箱的建筑物。它的优点是系统比较简单，投资较省；充分利用室外管网的压力供水，节省电耗；系统具有一定的贮备水量，供水的安全可靠性较好。缺点是系统设置了高位水箱，增加了建筑物的结构荷载，并给建筑物的立面处理带来一定困难；当水压较长时间持续不足时，需增大水箱容积，并有可能出现断水情况。

（3）水泵水箱联合给水方式（图 2—1—1）。当室外给水管网水压经常不足、室内用水不均匀、室外管网不允许水泵直接吸水而建筑物允许设置水箱时可采用这种给水方式。水泵从贮水池吸水，经加压后送入水箱。因水泵供水量大于系统用水量，水箱水位上升，至最高水位时停泵，此后由水箱向系统供水，水箱水位下降，

至最低水位时水泵重新启动。

这种给水方式由水泵和水箱联合工作，水泵及时向水箱充水，可以减小水箱容积。同时，在水箱的调节下，水泵能稳定在高效点工作，节省电耗。贮水池和水箱能够贮备一定水量，增强供水的安全可靠性。

（4）气压给水装置的供水方式等。利用密闭压力水罐取代水泵水箱联合给水方式中的高位水箱，形成气压给水方式。水泵从贮水池吸水，水送至给水管网的同时，多余的水进入气压水罐，将罐内的气体压缩，罐内压力上升，至最大工作压力时，水泵停止工作。此后，利用罐内气体的压力将水送至给水管网，罐内压力随之下降，至最小工作压力时，水泵重新启动，如此周而复始地实现连续供水。

这种给水方式适用于室外管网水压经常不足，不宜设置高位水箱的建筑。它的优点是设备可设在建筑物的任何高度上，便于隐蔽，安装方便，水质不易受污染，投资省，建设周期短，便于实现自动化等。但是，给水压力波动较大，能量浪费严重。

二、生活中的排水系统

1. 排水系统的分类

（1）生活排水系统。生活排水系统是用来收集排除日常生活所产生的污（废）水的排水系统。通常分为生活污水、生活废水两个系统来设置。生活污水是冲洗便器污水，含有大量有机杂质和细菌，污染严重，需先排入化粪池进行局部处理，然后再排入室外排水系统。生活废水是盥洗、沐浴和洗涤废水，污染程度较轻，几乎不含固体杂质，可直接排除到室外排水系统，或者经过简单处理，作为中水系统的水源再次利用。

（2）工业废水排水系统。工业废水排水系统是收集排除生产工艺过程中产生的污（废）水。工业污（废）水中各种产品的生产工艺流程不尽相同，水质非常复杂。为便于处理和综合利用，按污染程度可分为生产污水和生产废水。生产污水污染较重，需要经过处理，达到排放标准后才能排入室外排水系统；生产废水污染较轻，可直接排放，或者经过简单处理后重复利用。

（3）屋面雨（雪）排水系统。屋面雨（雪）水排水系统是收集降落在建筑屋面上的雨水和融化的雪水的排水系统。屋面雨（雪）水污染程度轻，可直接排放。

建筑排水体制有分流制与合流制两种。分流制即各种污水分别设单独的管道分别输送和排放的排水制度；合流制即在同一排水管道系统中可以输送和排放两种或两种以上污水的排水制度。

2. 建筑排水系统的组成

建筑内部排水系统（图 2—1—7）一般由污（废）水收集器、排水管道系统、通气管、清通设备、抽升设备组成。

（1）污（废）水收集器。污（废）水收集器是指用来收集污（废）水的器具，如室内的各种卫生器具、生产污（废）水的排水设备，以及雨水斗等。

（2）排水管道系统（图 2—1—8）。排水管道系统由器具排水管、排水横支管、排水立管和排出管组成。

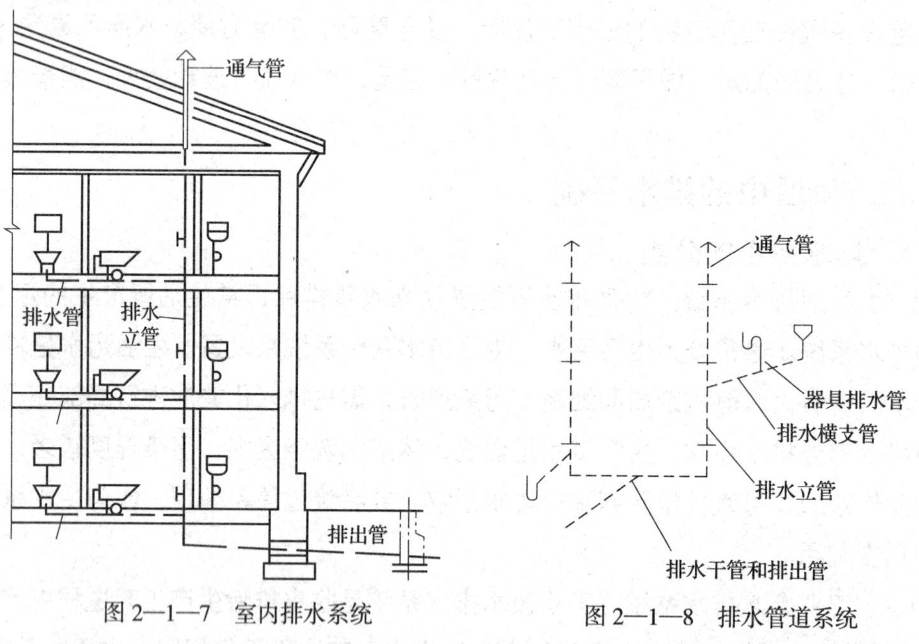

图 2—1—7 室内排水系统　　图 2—1—8 排水管道系统

1）器具排水管。器具排水管是指连接卫生器具和排水横支管之间的短管，除坐式大便器外其上均应设水封装置。

2）排水横支管。排水横支管是指将器具排水管送来的污水传输到立管中的一段管路。

3）排水立管。排水立管用于收集其上所接的各横支管排来的污水，然后再把这些污水送入排出管。

4）排出管。排出管用于收集一根或几根立管排来的污水，并将其排至室外排水管网中去。

（3）通气管。通气管的作用是把管道内产生的有害气体排出，以免影响室内的环境卫生和减轻废水、废气对管道的腐蚀。在排水时向管内补给空气，减轻立管内气压变化的幅度，防止卫生器具的水封受到破坏，保证水流畅通。排水通气管的类型有伸顶通气管、专用通气管等。

（4）清通设备。清通设备的作用是疏通建筑内部排水管道、保障排水畅通。一般有检查口、清扫口、检查井等，作为疏通排水管道之用。

（5）抽升设备。一些民用和公共建筑内部标高低于室外地坪和其他用水设备房间，污水难以自流排至室外，需要抽升设备。

三、给排水系统的管材和配附件

1．给排水管材

普通公寓楼中的给水管道通常采用 PPR 管，部分水压较高的管路采用复合管或钢管，排水管道通常采用 UPVC 管，如图 2—1—9 所示。

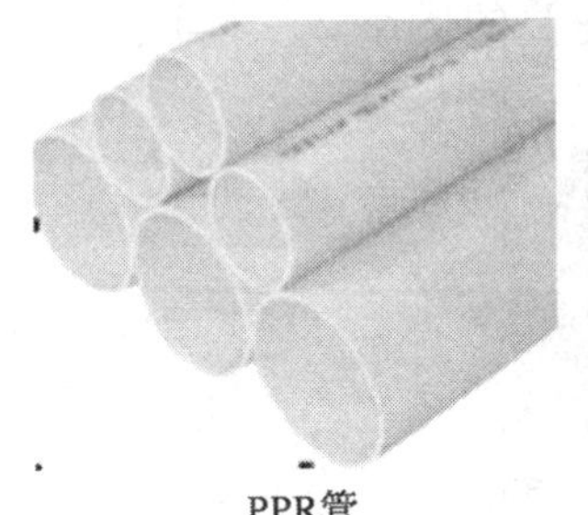

PPR管

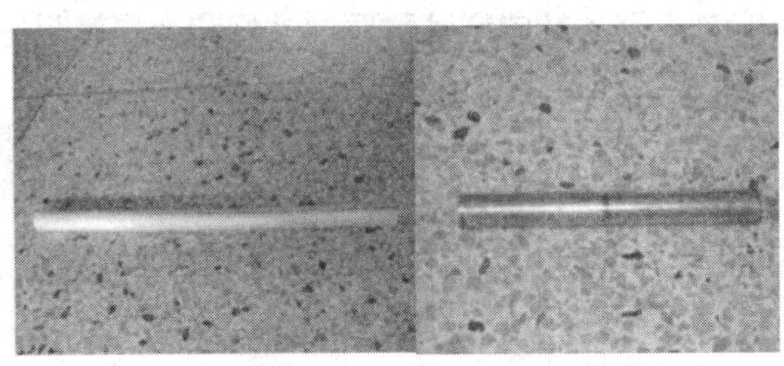

复合管　　钢管

图 2—1—9　给排水管材

（1）钢管（图 2—1—10）。钢管有低压流体输送用的焊接钢管和低压流体输送用的镀锌焊接钢管及无缝钢管等。钢管具有强度高、承受内压力高、抗振性能好、长度大、接头少、韧性好、加工安装方便等优点；但抗腐蚀性差，易影响水质且造价高。

焊接钢管

无缝钢管

图 2—1—10　钢管

（2）铜管（图 2—1—11）。铜管可以有效防止卫生洁具被污染，且光亮美观、豪华气派，但价格较高，只在较高等级的宾馆中

使用。

（3）不锈钢管（图 2—1—12）。不锈钢管表面光滑，亮洁美观，摩擦阻力小；重量较轻，强度高且有良好的韧性，容易加工；耐腐性能优异，无毒无害，安全可靠，不影响水质。

图 2—1—11　铜管

图 2—1—12　不锈钢管

（4）复合管（图 2—1—13）。钢塑复合管有衬塑和涂塑两类，兼有钢管强度高和塑料管耐腐蚀、保持水质的优点。

铝塑复合管是中间一层焊接铝合金、内外各一层聚乙烯经胶合层粘接而成的五层管，它具有聚乙烯塑料管耐腐蚀性好和金属管耐压高的优点。

a）　b）

图 2—1—13　复合管

a) 钢塑复合管　b) 铝塑复合管

（5）塑料管（图 2—1—14）。目前塑料管管材用得最多的是 UPVC、PPR 管。与传统金属管相比，塑料管具有耐腐蚀、防锈，使用寿命长(50 年以上）；内壁光滑，流动阻力小，不结垢，导热率低，节能保温；重量轻、安装方便；综合造价低的优点。但也存在热胀系数大，机械强度低，日晒易老化等弱点。UPVC(硬聚氯乙烯）塑料管是由聚氯乙烯树脂与稳定剂、润滑剂等配合后用热压法挤压成形。它化学性能稳定，耐腐蚀，不受酸、碱、盐和油类等介质的侵蚀，物理机械性能好，无不良气味，质轻而坚，并可制成各种颜色；但强度较低，耐热性能较差，用于室

内生活排水管道。PPR(聚丙烯管)适用于建筑室内生活给水、热水和饮用净水管道。系统工作压力不大于0.6 MPa，工作水温不高于70℃，一般采用专用配套工具，热熔连接或电熔连接。

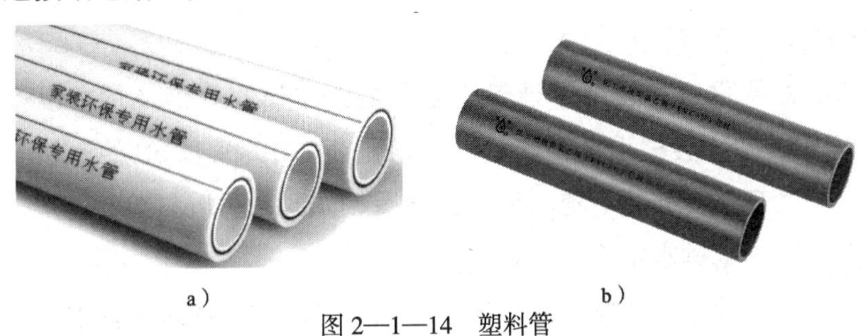

a）　b）

图2—1—14　塑料管

a）聚丙烯管（PPR）　b）聚氯乙烯管（UPVC）

2. 给水排水配附件

在管路中配件的作用是连接、变径、转向、分支等，又称管件。管道附件是给水管网系统中调节水量、水压，控制水流方向，关断水流等各类装置的总称，可分为配水附件和控制附件两类。配水附件用于调节和分配水流。控制附件用于调节水量、水压、关断水流、改变水流方向。主要包括各种阀门、波形管、法兰、盲板、堵管、活接头、减压孔板、转动接头、偏心异径管、同心异径管、Y形过滤器、承插连接、疏水器、套管伸缩器、滑动支架、柔性防水套管、柔性密闭套管、刚性防水套管、保护管、多孔管、水表、传感器、流量计、地漏、雨水斗、毛发聚集器、排水漏斗、水龙头、淋浴头、混水龙头、浮球阀等。

思考与练习

1. 观察一下学校的卫生间，里面有哪些卫生设备？管材采用什么材料？

2. 你家里厨房、卫生间的给排水管是什么材料？主要是哪些管道？能否用你自己的方式画出组成？

第二节　给排水工程施工图识读

一、图样基本内容

建筑给排水施工图是工程项目中单项工程的组成部分之一，它是确定工程造价和组织施工的主要依据，也是国家确定和控制基本建设投资的重要依据材料。

建筑给排水施工图按设计任务要求，应包括图样目录、设计说明、平面图、系统图、施工详图(大样图)、主要设备材料表等。

1. 给排水平面图

室内给排水平面图主要表示建筑物各层的给水排水管道及用水设备的平面位置。平面图一般应分层按正投影法绘制，常用1:100和1:50的比例画出。对于某些民用与公共建筑，各层管道、设备的布置相同时，可以只绘制首层、顶层和标准层平面图。室内给排水平面图主要内容如下：

(1)表明建筑的平面形状、房间布置等情况，标注轴线及房间的主要尺寸。为了节约图面，常常只画出与给排水管道相关部分的建筑平面。

(2)用水设备、卫生器具的平面布置、类型和安装方式。

(3)建筑物各层给排水干管、立管、支管的位置。首层平面图需绘制出给水引入管、排水排出管的位置，标注主要管道的定位尺寸及管径等，按规定对引入管、排出管和立管编号。对于安装于下层空间而为本层使用的管道，应绘制在本层平面图上。

2. 给排水系统图

给排水系统图，也称"给排水轴测图"，应表达出给排水管道和设备在建筑中的空间布置关系。系统图一般应按给水、排水各系统单独绘制，以便于安装施工和造价计算使用。室内给排水系统图主要内容如下：

(1)系统各楼层的空间关系。

(2)给水系统图中应表明给水设备、用水设备、各种控制阀门、配水龙头及附件等。排水系统图中则表明通气帽、清扫口、检查口、存水弯、地漏等。

(3)标注所有管道的管径、标高及坡度，标注给水引入管、污水排出管和立管的编号。

(4)在给水和排水各立管处表示出底层和各楼层的地面，并标注地面标高。

3. 施工详图

凡平面图、系统图中局部构造因受图面比例影响而表达不完善或无法表达时，必须绘制施工详图，所采用的比例较大，一般为1:50～1:10。详图中应尽量详细注明尺寸，不应以比例代尺寸。

施工详图首先应采用标准图、通用施工详图，如卫生器具安装、排水检查井、阀门井、水表井、雨水检查井、局部污水处理构筑物等，均有各种施工标准图。

4. 设计说明及主要设备材料表

凡是图样中无法表达或表达不清的而又必须为施工技术人员所了解的内容，均应用文字说明，文字说明应力求简洁。设计说明应表达如下内容：设计概况、设计内容、引用规范、施工方法等。例如，给排水管材以及防腐、防冻、防结露的做法；管道的连接、固定、竣工验收的要求；施工中特殊情况的技术处理措施；施工方法要求，必须严格遵循的技术规程、规定等。

工程中选用的主要材料及设备，应列表注明。表中应列出材料的类别、规格、数量，设备的品种、规格和主要尺寸。

此外，施工图还应绘制出图中所用的图例，所有的图样及说明应编排有序，写出图样目录。

二、建筑给排水施工图识读

1. 建筑给排水施工图的识读方法

阅读主要图样之前，应当首先看设计说明和设备材料表，然后以系统图为线索深入阅读平面图、系统图及详图。阅读时，应将三种图相互对照来看。先对系统图有大致了解，看给水系统图时，可由建筑的给水引入管开始，沿水流方向经干管、立管、支管到用水设备；看排水系统图时，可由排水设备开始，沿排水方向经支管、横管、立管、干管到排出管。

2. 建筑给排水施工图识读

图 2—2—1 至图 2—2—7 为某综合楼给排水施工图，现以本套图样为例，说明图样内容及识读方法。

（1）设计说明。从设计说明（见图 2—2—1）可以看出本综合楼给排水设计的依据以及给水、排水系统使用的管材及连接工艺。

（2）给排水平面图。本综合楼为三层建筑，层高分别为一层 4.200 m、二层 4.000 m、三层 3.900 m，卫生间布置在③—④号定位轴线之间。本综合楼的给水方式为直接给水方式，排水体制为合流制。

图 2—2—2 为一层给排水平面图，卫生间地面标高为 -0.020，分别为男、女卫生间，其中男卫生间设有 4 组小便器、4 组蹲式大便器、1 组拖布池；女卫生间

给排水设计说明

一、设计依据

1.《建筑给水排水设计规范》 GB 50015—2003

2.《建筑设计防火规范》 GB 50016—2006

3.《建筑灭火器配置设计规范》 GB 50140—2005

4. 建筑、结构专业提供的条件图

二、设计说明

1. 本工程单体标注除注明以m计外，其余均以mm计。

2. 给水管标高指管中心标高，排水管标高指管底标高。

3. 管径De指管外径，DN指公称直径。

4. 卫生洁具选用节能型，具体型号业主自定，安装参见国标图99S304。

三、给水工程

1. 管材、管径

冷水管：采用PPR管，公称压力采用1.6MPa，管件采用与管道相同压力等级的管件，管道连接采用热熔连接，给水粘接剂除满足粘接强度外，尚须满足卫生要求。

2. 管道敷设

管道敷设按平面图所示布置。

3. 管道安装前宜按要求设置管卡，若为金属管卡固定管道时，金属卡与塑料管间应采用塑料带或橡胶物隔垫，金属卡应做防锈处理，管道不得用作吊拉攀件使用，口径大于等于32mm的阀门、水表及其他附件宜有固定支撑措施。管段离地1.00~1.20m应设一支撑点，其余部位的支撑不大于下表规定：

外径De(mm)	20	25	32	40
立管(mm)	1000	1100	1200	1400
横管(mm)	600	650	700	900

4. 管道保温

凡明露在可能冻结部位的给水、消防管道均采取保温措施。保温材料可用矿棉双合管，或超细玻璃棉管，亦可采用聚氯乙烯发泡保温管，厚度为25~30mm。纵向接缝方向立管应向内侧，横管向下，相邻管应严密，外缠聚氯乙烯薄膜保护层。

5. 最高日生活用水量为2.0 m^3/天，最大小时生活用水量为：0.50 m^3/h（按50人计算）。

6. 施工完毕后做水压试验，生活给水管道试验压力为P=0.9 MPa，消防给水管道试验压力为其1.5倍的工作压力，且P>1.0 MPa。

四、排水工程

1. 排水管采用PVCU管，采用粘接剂连接。

2. 生活排水塑料横管的坡度采用标准坡度2.6%。

3. 排水立管与横管均需按规定设置伸缩节，当层高小于等于4m时，立管每层设一伸缩节，横支管上合流配件至立管的直线管段超过2m时，应设伸缩节．但伸缩节间的最大间距不得超过4m，每个伸缩节均需预留伸缩间隙，夏季施工时为5~10mm，冬季施工时为15~20mm。

4. 塑料排水管的最大支撑间距为：

外径De(mm)	50	75	110
立管(mm)	1200	2000	2000
横管(mm)	500	750	1100

5. 排水立管距饰面的控制距离为20~25 mm。

6. 配管时应将管材与管件承口试插一次，在其表面划出标记。管材插入管件承口深度不得小于下表规定：

外径De(mm)	50	75	110
管端插入承口深度(mm)	25	25	40

7. 排水系统竣工后，需做通水与通球试验.做法参考《民用建筑安装工程质量监督核验要求》。

8. 排水管的横管与横管、横管与立管的连接,应采用90° 顺水三通或四通，或45° 斜三通或四通，不允许采用正三通或正四通，排出管的出户管与立管的连接应采用两个45° 弯头，埋地排水管最小管径De75，管顶上部净空不小于30 cm。

9. 雨水管为硬聚氯乙烯雨水管，室外雨水立管尺寸为×110，采用承插连接，不采用粘接连接。

五、注意事项

1. 施工中给排水管道穿楼板时应预留洞，预留洞的大小应比管外径大50~100 mm，施工单位应在浇注混凝土前与土建密切配合复核预留洞的定位与尺寸大小。

2. De≥110的排水横支管接入管道井内的竖管处，设阻火圈。明敷的De≥110排水干管穿楼板处，紧贴楼板设阻火圈。

3. 塑料管道穿越屋面时必须设置钢套管，套管应高出屋面不小于150 mm。并采取严格的防水措施，做法详见02S404。

六、消火栓系统

本工程民用建筑(学校辅助用房)，建筑物体积为4 479.90m^3，三层．本单体是扩建，原有建筑物体积为3 991.04m^3．合计8 470.94m^3。体积小于10 000m^3，故不设室内消火栓.市政最低供水压力为0.25MPa(常压0.35MPa)。

七、灭火器设置

1. 本设计选用的灭火器为磷酸铵盐干粉灭火器。

2. 手提式灭火器宜设置在灭火器箱内，其顶部离地面高度应小于1.50m，底部离地面高度不宜小于0.15m。

3. 灭火器应设置稳固，其铭牌必须朝外。

八、本专业如与其他专业有冲突，请及时与设计人员联系。

九、图例

名称	图例
落地式带水封小便器(设自闭式冲洗阀)	安装详图集99S304-102
蹲便器(设高水箱)	安装详图集99S304-81
台式洗脸盆	安装详图集99S304-38
干粉灭火器	△MF/ABC4×2贮压式干粉灭火器
冷水管	——
排水管	——
不锈钢截止阀	

名称	图例
不锈钢球阀	
铜芯给水蝶阀	有明显开启状态标志
地漏(水封高)≥50mm	
陶瓷片密封角阀	
延时自闭式冲洗阀	
清扫口	
通气帽	
检查口	

图 2—2—1　给排水设计说明

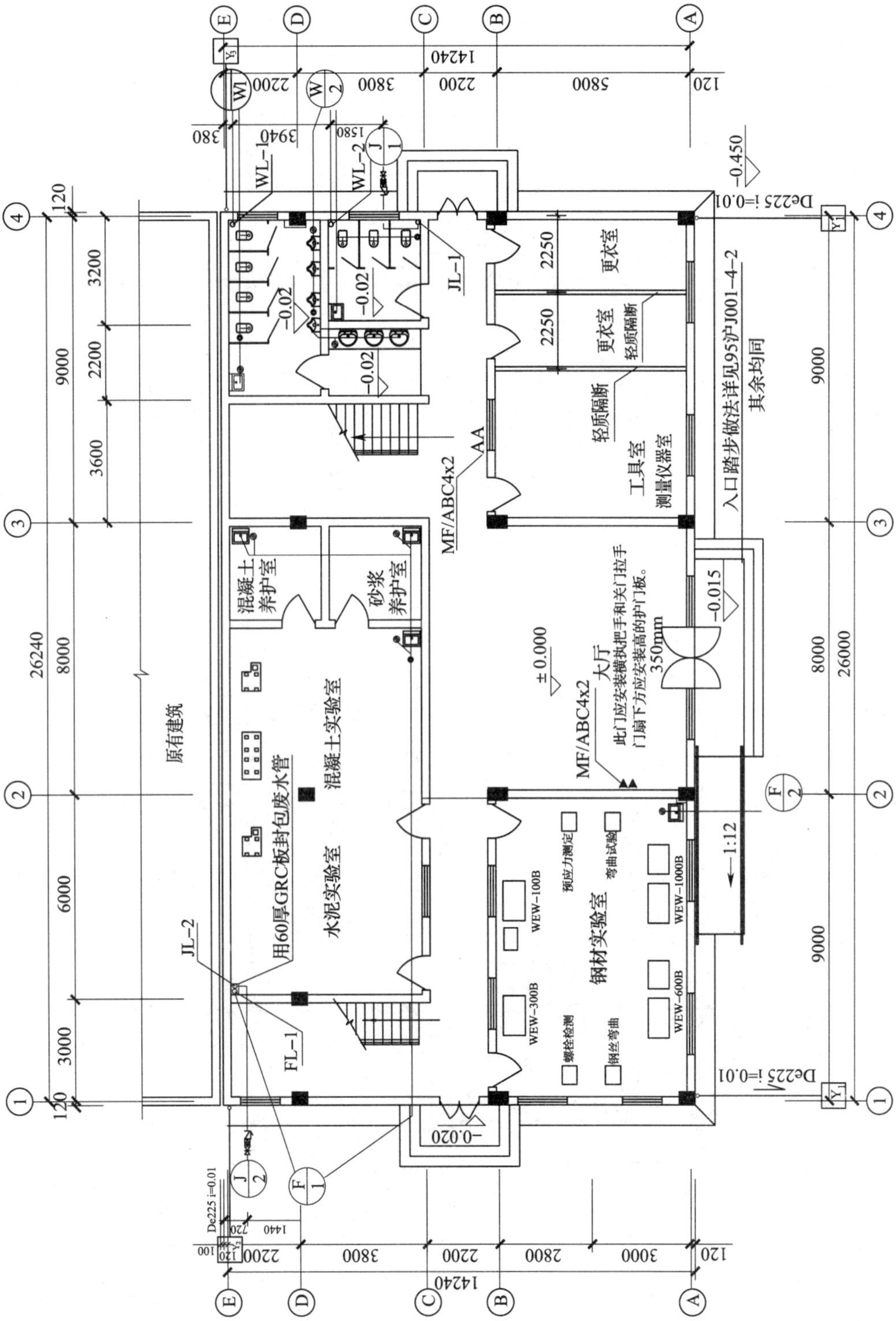

图 2—2—2　一层给排水平面图

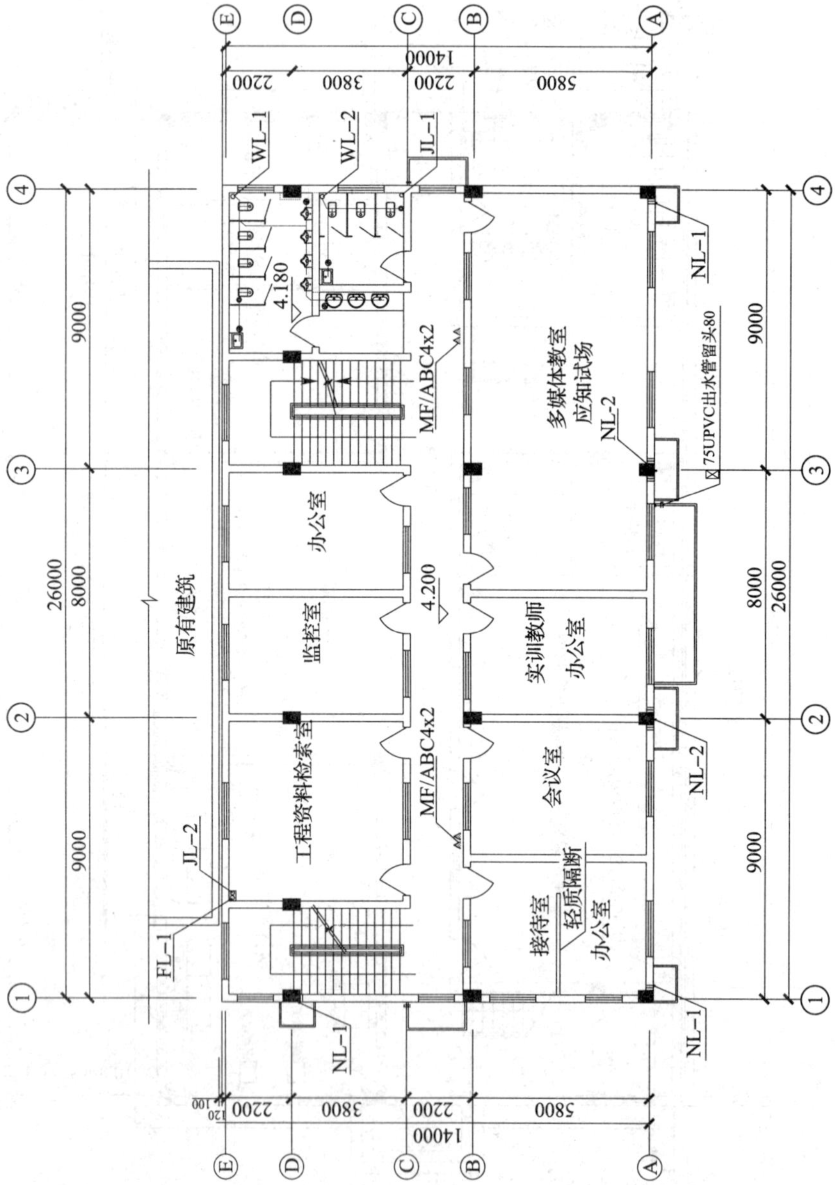

图 2—2—3　二层给排水平面图

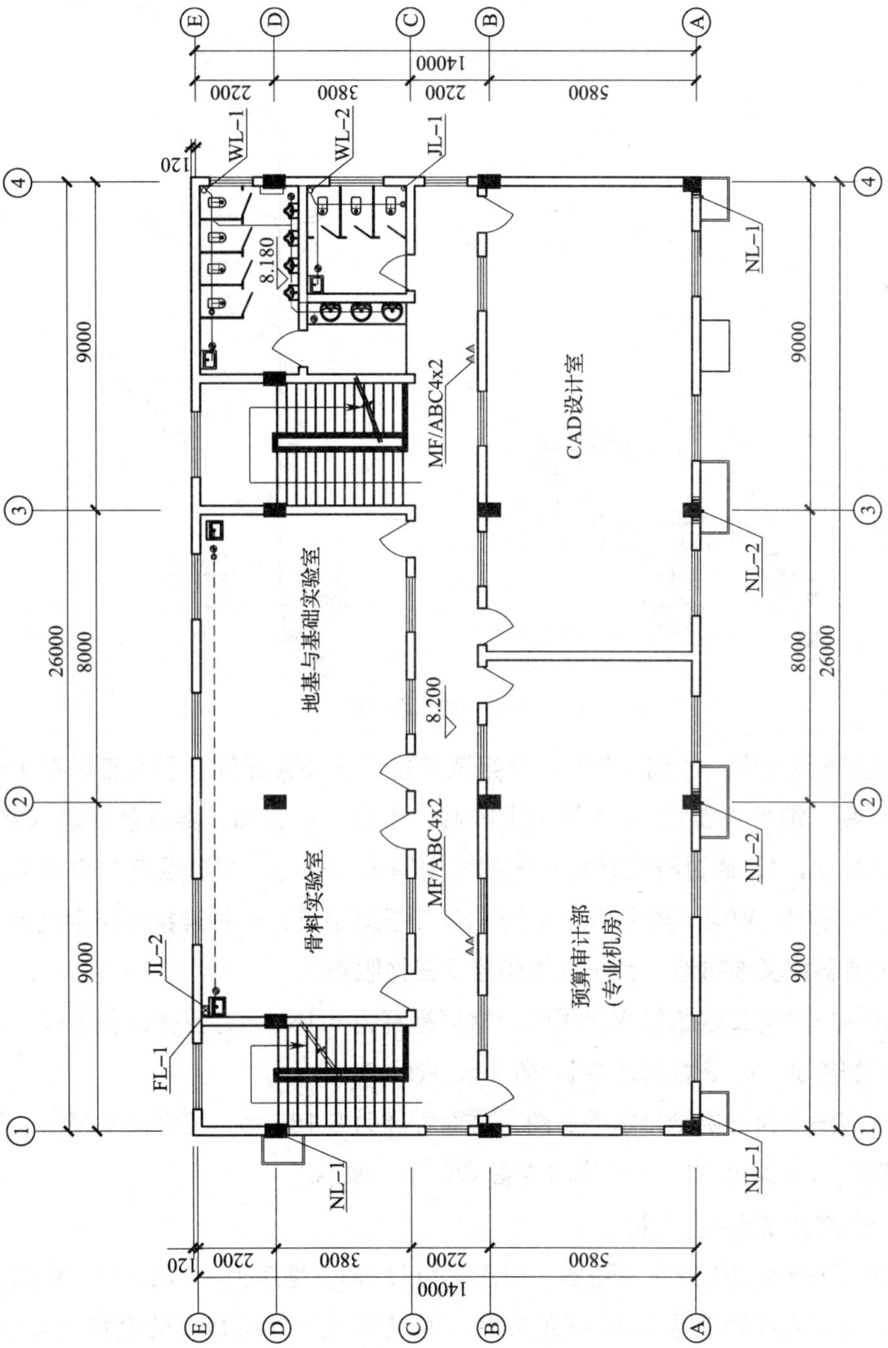

图 2—2—4　三层给排水平面图

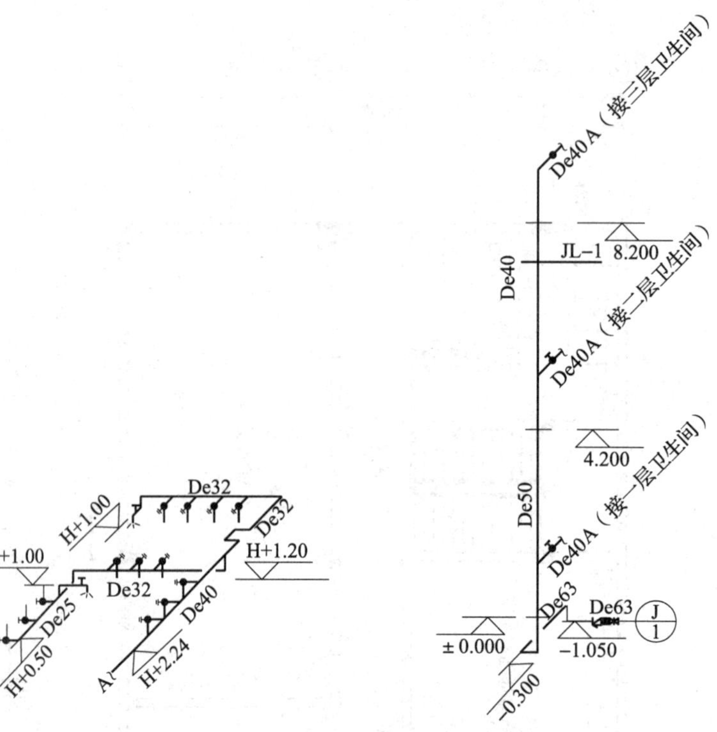

图 2—2—5　给水系统图

设有 3 组蹲式大便器、1 组拖布池；3 组洗脸盆设在公共部位。引入管设在④号定位轴线右侧，编号为 J/1，引入管上设闸阀、水表、止回阀，穿越基础进入室内，连接到立管 JL–1，通过横支管将水送到各个用水设备上。图中设有 2 个排出管编号，分别为 W/1、W/2，其中 W/1 系统设有 2 根排出管，一根连接一层卫生间的 4 组蹲式大便器以及拖布池，另一根为两楼及三楼服务。

图 2—2—3 为二层给排水平面图，楼面标高为 4.180 m，卫生设备相同，设有 1 根给水立管 JL–1，2 根排水立管 WL–1、WL–2。

图 2—2—4 为三层给排水平面图，楼面标高为 8.180 m，卫生设备相同，同样设有 1 根给水立管 JL–1，2 根排水立管 WL–1、WL–2。

3. 给排水系统图识读

图 2—2—5 为 J/1 给水系统图，引入管为 De63，埋深为 –1.050 m，穿越基础后拐弯 2 次，连接到编号为 JL–1 的立管，通过每一层 H+2.240 处设管径为 De40 的横支管为每层卫生设备供水。

图 2—2—6 为 W/1、W/2 排水系统图。W/1 排水系统图中设有 2 根排出管，一根服务于底层男厕的水平排出管，连接 4 组蹲式大便器，1 组拖布池，1 个清扫口，1 个地漏。另一根排出管是单独服务于两层及三层卫生间局部卫生设备的。排出管的管径为 De110，立管编号为 WL-1，管径为 De110，伸出屋顶 0.500 m。

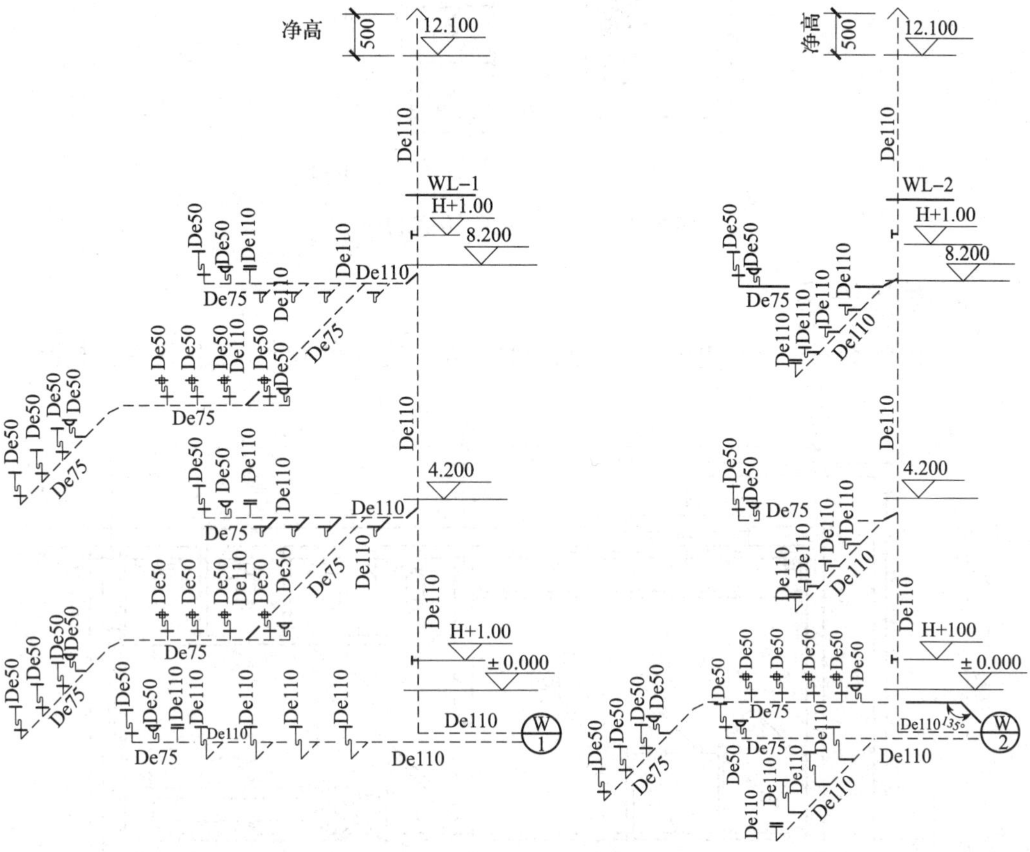

图 2—2—6　排水系统图

4. 卫生间详图识读

图 2—2—7 为二、三层卫生间大样图，采用 1∶50 的比例，较大比例地绘制出卫生间设备及管路的走向。

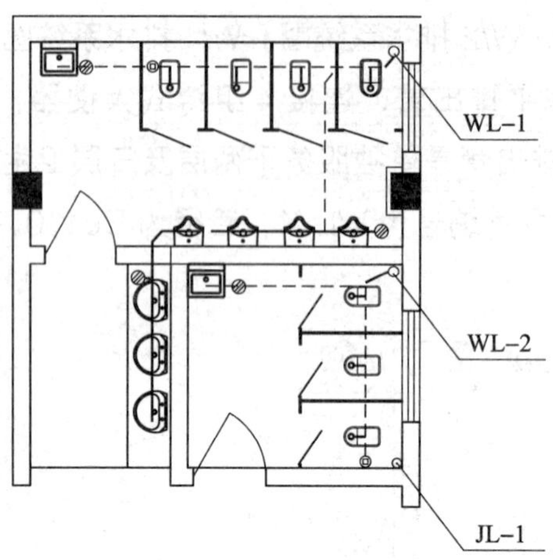

图 2—2—7　二、三层卫生间大样图

思考与练习

1. 请在图 2—2—8 中读出卫生间地面标高、建筑物尺寸、卫生设备及数量。

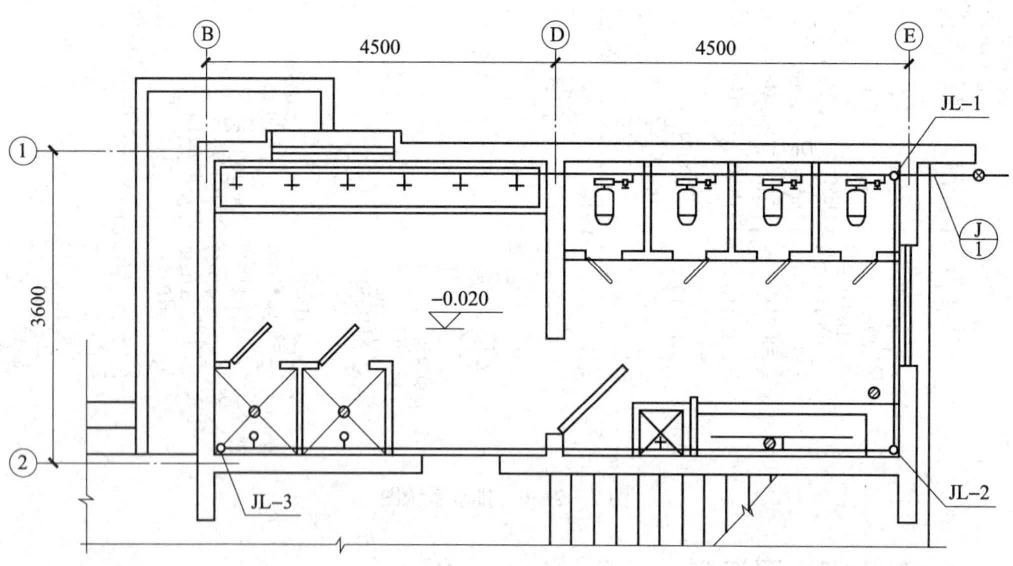

图 2—2—8　题 1 图

2. 读出图 2—2—9 中给排水系统管道的布置、走向。

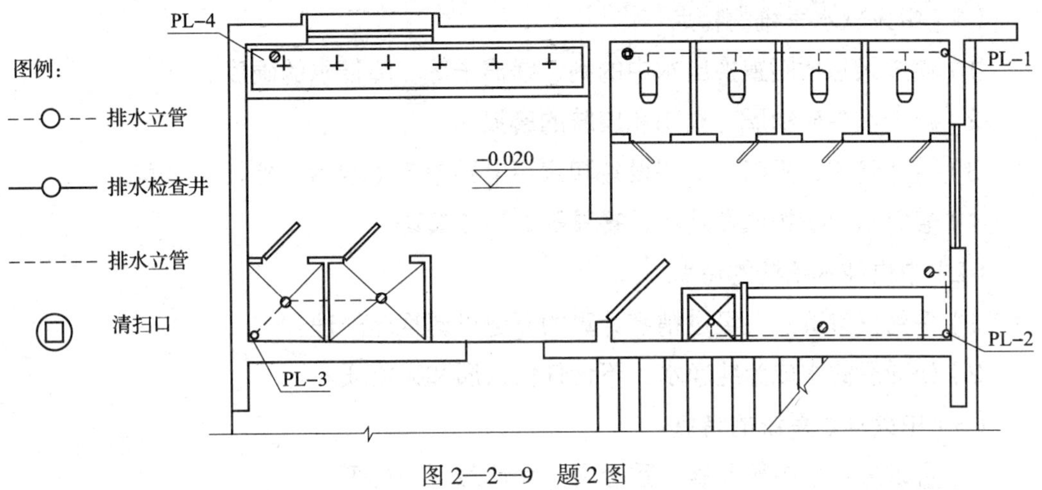

图 2—2—9　题 2 图

第三节　给排水系统安装

一、水处理系统概述

如图 2—3—1 所示，水处理系统包括中央净水系统、中央软水系统、中央纯水系统。

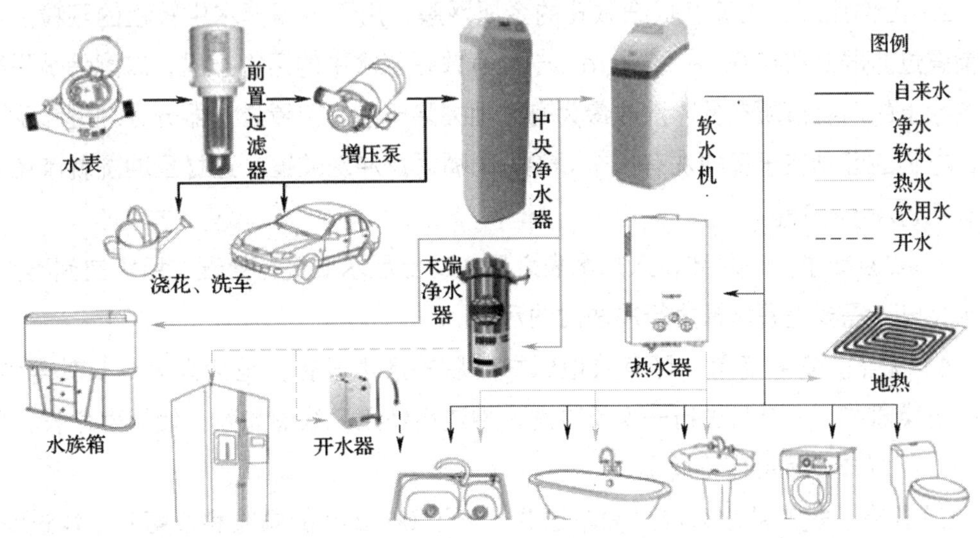

图 2—3—1　水处理系统

1. 水处理系统的特点

（1）中央软水系统的特点

1）通过天然树脂置换出水中的钙、镁离子等，降低水的硬度。

2）减少水中矿物质对衣物和皮肤的磨损。

3）避免管道、阀门、卫浴设备和家用电器中产生水垢，延长使用寿命。

4）避免水中矿物质在洁具、餐具等处形成黄斑。

（2）中央纯水系统的特点

1）采用反渗透法，经过精密计算的五道过滤程序处理。

2）处理后的水成为纯净水，不含任何杂质和矿物质。

（3）中央净水系统的特点

1）可以去除水中氯元素、重金属、固体悬浮颗粒等。

2）具有杀菌功能。

3）通过活性炭去除各种有机物等，可直接饮用。

4）系统具有自动维护功能。

2. 家用水处理系统基本设备

（1）前置过滤器（见图 2—3—2）

1）适用条件。几乎适合全户型，需要的安装空间不大。

2）工作原理。内装有很细微孔的金属网膜，用于过滤掉水中较粗的颗粒。好的前置过滤器滤孔在 60 ~ 90 μm，一能有效拦截水中的污物杂质，二能使被拦截在滤网上的污物杂质在反冲洗时最为有效地去除干净。前置过滤器分直冲型和反冲型，它们的区别在于反冲洗有一个 360° 鸭嘴式反冲洗装置，这样反冲洗就避免了留有死角冲不干净。

3）安装要求。一般装在入户水表之后，对全屋水质进行处理，所需空间不大，无须用电，需要地漏排掉执行冲洗时的污水。

4）优点。安装简单，可有效地保护随后的涉水设备，也会大大延长其寿命；无须更换滤芯，一个月进行一次反冲洗，冲洗后使用又焕然如新；使用寿命长，可达 10 ~ 30 年（视品牌不同）。

5）缺点。进来的水只经过简单过滤，低于 60 μm 的颗粒和细菌并不能过滤；需要跟其他的净水设备配套使用。

（2）中央净水机（图 2—3—3）

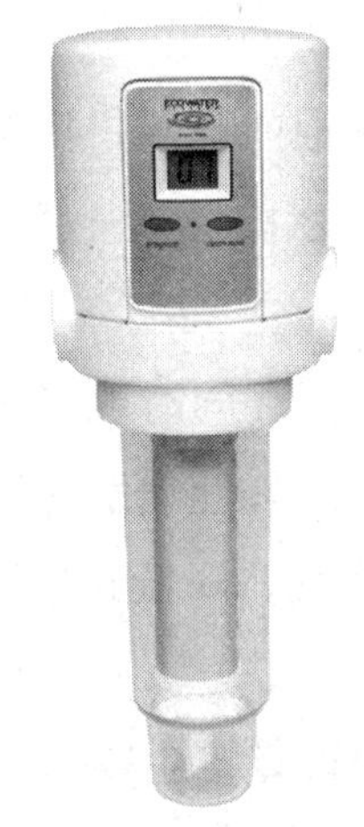

图 2—3—2 前置过滤器

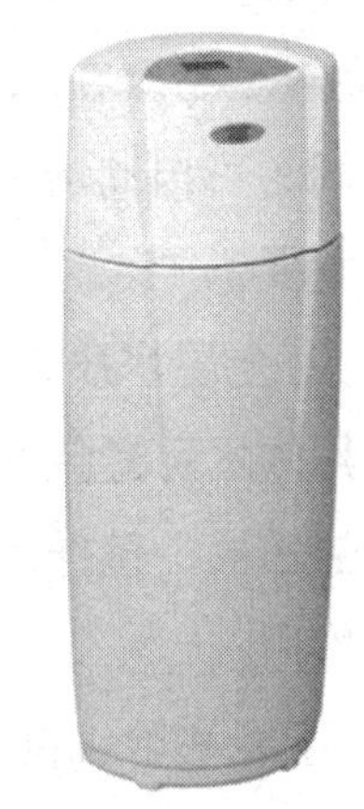

图 2—3—3 中央净水机

1）适用条件。对安放地点要求不高，但最好在入住前安装，需要装修配合，占一定的空间。

2）工作原理。多选用活性炭、熔喷滤芯、微孔陶瓷、中空纤维、KDF 等净化水质，大多都能自动清洗，短期内不用换耗材，一般是 3 ~ 5 年更换一次滤芯。

3）安装要求。需要一定的安装空间，可自动清洗自身滤料，需要地漏把清洗污水排掉。体积一般都比较大，在用水量不大的家庭可以考虑橱柜型的，除了出水量比较小外，处理水质的效果是一样的；需要电源。

4）优点。对全屋水质进行净化，过滤精度高；流量大；有效过滤余氯和重金属；滤芯使用年限长（3 ~ 5 年），自动清洗滤芯；净化水接近矿泉水，能直接生饮；不浪费水。

5）缺点。祛除水垢、水碱效果较差，单独使用适用于水质为中等以下硬度的地区。

（3）中央软水机（图 2—3—4）。防止出现令人讨厌的水垢，杜绝因水垢而产生的安全隐患。

图 2—3—4 中央软水机

1）适用条件。和中央净水机差不多大小，对安放地点要求不高，但最好在入住前安装，需要装修配合，占一定的空间。

2）工作原理。运用离子交换原理，通过树脂交换容易结垢的钙离子，对硬度（水碱）的去除率达 99% 以上，无须更换滤芯。

3）安装要求。串联在水表后主管道上，安装在橱柜内或用户指定位置，需要一定的安装空间，可自动清洗自身树脂，需要地漏把污水排掉。一般建议配合中央净水机使用，需要电源。

4）优点。对全屋水质软化、祛除水垢、水碱效果好，同时流量大，基本上不降低水压；使用软水可避免各种热水器、中央空调结垢，防止管路堵塞，延长使用寿命；能减轻热水器、壁挂炉等能源消耗；节约洗涤用品，降低家务强度；对皮肤有很好的保养作用。

5）缺点。不能祛除细菌、病毒、重金属等，不建议直接生喝；不能对水质进行净化，需要安装在中央净水机后面，只对净化后的水软化，水质不好会对软水机内的树脂造成破坏；再生时需要耗盐，并产生一定量的废水。

（4）终端直饮机（图 2—3—5）。终端直饮机可以涵盖的范围比较广，有超滤净水器、纳米膜净水器、纯水机、电解水机等。它们有个共同的特点就是装在用水的终端，为入口的饮用水把好最后一关。

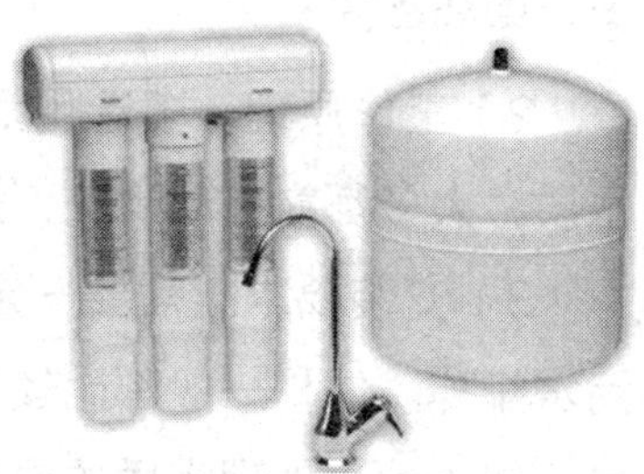

图 2—3—5　终端直饮机

1）适用条件。适应全户型，安装空间非常小，一般放橱柜下，台上式的可放在洗手盘旁边。

2）工作原理。一般是带有五级过滤的净水器，第一级为 PP 纤维滤芯，第二级和第三级为活性炭，第四级为中空纤维膜或陶瓷过滤，第五级为后置活性炭。另外还有反渗透膜跟纯水机、带电解槽的电解水机等功能有所不同的机器了。

3）安装要求。安装简单方便，除了纯水机、电解水机外都不用电。

4）优点。过滤精度高；流量不大，直接生饮，即开即饮，避免了传统桶装水的二次污染问题；安装方便，不占用很大的空间；不浪费水。

5）缺点。处理的水量有限，滤芯使用时间短，需要勤换，不能降低水碱。

二、给排水系统的安装

上述水处理设备一般是在厂家购买品牌产品，由厂家负责安装调试，所以本节不再介绍这些设备的安装工艺，本节主要叙述水管的布设和安装工艺。

1. 施工原则

（1）家庭装饰中，水管最好走顶不走地，因为水管安装在地上，要承受瓷砖和人在上面的压力，有踩裂水管的危险。另外，走顶的好处在于检修方便。

（2）水管开槽的深度是有要求的，冷水埋管后的批灰层要大于 1 cm，热水埋管后的批灰层要大于 1.5 cm。

（3）冷热水管要遵循左侧热水右侧冷水、上热下冷的原则。

（4）水管铺设完成后，封槽前，要用管卡固定，冷水管卡间距不大于 60 cm，热水管卡间距不大于 25 cm。

（5）装好的冷热水管管头的高度应在同一个水平面上，只有这样以后安装冷热水开关才会美观。

（6）水管安装好后，应立即用管堵把管头堵好，防止有杂物进入。

（7）水管安装完成后要用压力测试机（图 2—3—6）进行打压测试，打压测试就是为了检测所安装的水管有没有渗水或漏水现象，只有经过打压测试，才能放心封槽。

（8）下水管虽然没有压力，也要进行通水或通球（图 2—3—7）试验，仔细检查是否有漏水、渗水和堵塞现象。

图 2—3—6　水管压力测试机

图 2—3—7　水管通球

2. 施工工艺

（1）熟悉施工图。管道安装应照图施工，领会设计意图，原设计如不合理需与设计人员协商后进行修改，同时还要了解生产工艺概况、工艺排水的要求、给水概况、管线的布置、对施工的特殊要求等。

（2）备料。根据施工图准备材料和设备，并在施工前按设计要求检验规格、型号和质量，符合要求方可使用。

（3）配合土建施工预留孔洞和预埋件，了解给排水管道与室外管道的连接情况、穿越建筑物的位置和做法，了解室内给排水管道的安装位置及要求，以便管道穿过基础和墙壁楼板时给土建留洞和预留管等。

（4）切割管槽。槽口要大于铺设管外径 20 mm，如果是穿墙和穿楼板的槽口，要大于套管 50 mm。

（5）管件连接与固定。PPR 管采用热熔连接，PVC 连接多采用胶粘。钢管等金属管件可以利用套丝机等设备和配件进行螺纹连接。

（6）管道试水试压。闭水实验 0.6 MPa 保持 10 min，无渗漏、压力不降为合格。PVC 严密性试验，冲入水 10 min，水面不降为合格。

（7）埋管。管槽用 1∶3 水泥砂浆封闭填补。

三、给排水系统的质量验收

1.《建筑给排水及供暖工程施工质量验收规范》（GB 50242—2002）

该标准中，有关建筑内部给水系统安装有如下规定：

（1）给水系统质量检验的一般规定

1）本规范适用于工作压力不大于 1.0 MPa 的室内给水和消火栓系统管道安装工程的质量检验与验收。

2）给水管道必须采用与管材相适应的管件。生活给水系统所涉及的材料必须达到饮用水卫生标准。

3）管径小于或等于 100 mm 的镀锌钢管应采用螺纹连接，套丝扣时破坏的镀锌层表面及外露螺纹部分应做防腐处理；管径大于 100 mm 的镀锌钢管应采用法兰或卡套式专用管件连接，镀锌钢管与法兰的焊接应二次镀锌。

4）给水塑料管和复合管可以采用橡胶圈接口、粘接接口、热熔连接、专用管

件连接及法兰连接等形式。塑料管和复合管与金属管件、阀门等的连接应使用专用管件，不得在塑料管上套丝。

5）给水铸铁管管道应采用水泥捻口或橡胶圈接口方式进行连接。

6）铜管连接可采用专用接头或焊接，当管径小于 22 mm 时宜采用承插或套管焊接，承口应迎介质流向安装；当管径大于或等于 22 mm 时宜采用对口焊接。

7）给水立管和装有 3 个或 3 个以上配水点的支管始端，均应安装可拆卸的连接件。

8）冷、热水管道同时安装应符合下列规定：上下平行安装时热水管应在冷水管上方；垂直平行安装时热水管应在冷水管左侧。

（2）主控项目

1）建筑内部给水管道的水压试验必须符合设计要求。当设计未注明时，各种材料的给水管道系统试验压力均为工作压力的 1.5 倍，但不得小于 0.6 MPa。

检验方法：金属及复合管给水系统在试验压力下观察 10 min，压力降不应大于 0.02 MPa，然后降到工作压力进行检查，应不渗不漏；塑料管给水系统应在试验压力下稳定 1 h，压力降不得超过 0.05 MPa，然后在工作压力的 1.15 倍状态下稳压 2 h，压力降不得超过 0.03 MPa，同时检查各连接处不得渗漏。

2）给水系统交付使用前必须进行通水试验并做好记录。

检验方法：观察和开启阀门、水嘴等放水。

3）生活给水系统管道在交付前必须冲洗和消毒，并经有关部门取样检验，符合《中华人民共和国生活饮用水卫生标准》（GB 5749—2006）要求，方可使用。

检验方法：检查有关部门提供的检测报告。

4）建筑内部直埋给水管道（塑料管和复合管除外）应做防腐处理。埋地管道防腐层材料和结构层符合设计要求。

检验方法：观察或局部解剖检查。

（3）一般项目。给水水平管道应有 0.2% ~ 0.5% 的坡度坡向泄水装置。

检验方法：水平尺和尺量检查。

2.《建筑给排水及供暖工程施工质量验收规范》(GB 50242—2002)

该标准中，有关建筑内部排水系统安装有如下规定：

(1)建筑排水系统安装质量检验的一般规定

1)本规范适用于室内排水管道、雨水管道安装工程的质量检验与验收。

2)生活污水管道应使用塑料管、铸铁管或混凝土管。

3)雨水管道宜使用塑料管、铸铁管、镀锌和非镀锌钢管或混凝土管等；悬吊式雨水管道应选用钢管、铸铁管或塑料管，易受振动的雨水管道(如锻造车间等)应使用钢管。

(2)主控项目

1)隐蔽或埋地的排水管道在隐蔽前必须做灌水试验，其灌水高度不应低于底层卫生器具的上边缘或底层地面高度。

检验方法：灌满水 15 min 水面下降后，再灌满观察 5 min，液面不降、管道及接口无渗漏为合格。

2)生活污水塑料管道的坡度必须符合设计要求或表 2—3—1 的规定。

检验方法：水平尺、拉线尺量检查。

表 2—3—1　生活污水塑料管道的坡度

管径(mm)	50	75	110	125	160
标准坡度(%)	2.5	1.5	1.2	1	0.7
最小坡度(%)	1.2	0.8	0.6	0.5	0.4

3)排水立管及水平干管管道应做通球试验，通球球径不小于排水管道管径的 2/3，通球率必须达到 100%。

检验方法：通球检查。

(3)一般项目

1)在生活污水管道上设置的检查口或清扫口，当设计无要求时应按设置要求设置。

检验方法：观察和尺量检查。

2)排水塑料管道支吊架最大间距应符合表 2—3—2 的规定。

检验方法：观察和尺量检查。

表 2—3—2　　排水塑料管道支吊架最大间距

管径（mm）	50	75	110	125	160
立管（m）	1.2	1.5	2.0	2.0	2.0
横管（m）	0.5	0.75	1.1	1.3	1.6

思考与练习

1. 简述中央水处理系统包括哪些常用设备。
2. 简述中央水处理系统中主要设备的作用。
3. 水管安装的质量验收的主控项目有哪些?
4. 给水管道试压要求是什么?

第三章 建筑装饰电气设备安装

学习目标

1. 熟悉建筑电气施工图的主要元素，能识读建筑电气施工图。
2. 熟悉强电排线以及常用建筑电气照明设备。
3. 能协助进行强电排线工作以及协助强电设备安装工作，并能对强电设备安装进行验收。
4. 熟悉弱电排线、布线，以及常用弱电设备。
5. 能协助进行弱电排线工作以及协助弱电设备安装工作，并能对弱电设备安装进行验收。

第一节 建筑装饰电气施工图识读

电气施工图所涉及的内容往往根据建筑物不同的功能而有所不同，主要有建筑供配电、动力与照明、防雷与接地、建筑弱电等方面，用以表达不同的电气设计内容。

一、电气制图的一般规定

1. 照明灯具的标注

灯具的标注是在灯具旁按相关规定标注灯具数量、型号、灯具中的光源数量和容量、悬挂高度和安装方式。灯具光源按发光原理分为热辐射光源（如白炽灯和卤钨灯）和气体放电光源（如荧光灯、高压汞灯、金属卤化物灯）。常用光源的类型、代号见表 3—1—1。

表 3—1—1　　常用光源的类型、代号

代号	光源类型	代号	光源类型
IN	白炽灯	L	卤钨灯
G	汞灯	N	钠灯
H	混合光源	X	氙灯
J	金属卤化物灯	Y	荧光灯

照明灯具的标注格式为：

$$a\text{-}b\,\frac{c \times d \times L}{e}\,f$$

a——灯具数量；

b——灯具型号；

c——灯泡数量；

d——灯泡容量（W）；

e——灯具安装高度；

f——灯具安装方式；

L——光源类型及代号。

常用灯具安装方式代号见表 3—1—2。

表 3—1—2　　常用灯具安装方式代号

序号	中文名称	旧代号	新代号
1	线吊式	X	CP
2	自在器线吊式	X	CP
3	固定线吊式	X1	CP1
4	防水线吊式	X2	CP2
5	防水线吊式	X3	CP3
6	链吊式	L	Ch
7	管吊式	G	P
8	壁装式	B	W
9	吸顶式或直附式	D	S
10	嵌入式（不可进人的顶棚）	R	R
11	顶棚内安装（可进人的顶棚）	DR	CR
12	墙壁内安装	BR	WR
13	台上安装	T	T
14	支架上安装	J	SP
15	柱上安装	Z	CL
16	座装	ZH	HM

【例 3—1—1】 5—YZ40 $\frac{2 \times 40}{2.5}$ Ch 表示 5 盏 YZ40 直管型荧光灯，每盏灯具中装设 2 只功率为 40 W 的灯管，灯具的安装高度为 2.5 m，灯具采用链吊式安装

方式。如果灯具为吸顶安装，那么安装高度可用“—”号表示。在同一房间内的多盏相同型号、相同安装方式和相同安装高度的灯具，可以标注一处。

【例 3—1—2】 20—YU60 $\frac{1\times 60}{3}$ CP 表示 20 盏 YU60 型 U 形荧光灯，每盏灯具中装设 1 只功率为 60 W 的 U 形灯管，灯具采用线吊式安装，安装高度为 3 m。

2. 配电线路的标注

（1）常用电线及代码

1）裸导线：一般为架空线路的主体，输送电能。

①裸单线：TY 铜质圆单线，LY 铝质圆单线。

②裸绞线：TJ 铜绞线，LJ 铝绞线，LGJ 钢芯铝绞线。

2）绝缘电线表示方式：

aBb-c

a——导线的性能（ZR 表示阻燃，NH 表示耐火）；

B——布线用的电线（表 3—1—3）；

b——绝缘材料（V 为聚氯乙烯塑料绝缘，X 为橡胶绝缘），导体材料（L 为铝芯，铜芯省略）；

c——电线标称截面积（mm²）。

表 3—1—3　　电气照明工程常用绝缘电线的型号、规格及主要用途

型号	电压（V）	名称	线芯标称截面积（mm²）	主要用途
BV BLV	500	铜芯聚氯乙烯绝缘电线 铝芯聚氯乙烯绝缘电线	0.4、0.5、0.75、1.0、1.5、2、2.5、4、6、10、16、25、35、50、70、95、120、150、185	用于直流 1 000 V 以下或交流 500 V 以下的电气线路，可以明敷、暗敷，护套线多用于室内明敷设
BVV BLVV		铜芯聚氯乙烯绝缘护套线 铝芯聚氯乙烯绝缘护套线	0.75、1.0、1.5、2、2.5、4、6、10	
BV-105 BLV-105		铜芯耐热 105℃聚氯乙烯绝缘线 铝芯耐热 105℃聚氯乙烯绝缘线	0.4、0.5、0.75、1.0、1.5、2、2.5、4、6、10、16、25、35、50、70、95、120、150、185	同 BV 型，适用于高温场所
BVR		铜芯聚氯乙烯软电线	0.75、1.0、1.5、2、2.5、4、6、10、16、25、35、50	同 BV 型，安装要求柔软时用

续表

型号	电压（V）	名称	线芯标称截面积（mm^2）	主要用途
BX	500	铜芯橡胶绝缘电线 铝芯橡胶绝缘电线	0.4、0.5、0.75、1.0、1.5、2、2.5、4、6、10、16、25、35、50、70、95、120、150、185、240、300	电器设备、仪表、照明装置等固定敷设
BXF BLXF		铜芯氯丁橡胶绝缘电线 铝芯氯丁橡胶绝缘电线	0.75、1.0、1.5、2、2.5、4、6、10、16、25、35、50、70、95	同 BX 型，尤其适用于户外
RFB RFS		丁晴聚氯乙烯复合物绝缘平型软线 丁晴聚氯乙烯复合物绝缘绞型软线	0.12、0.2、0.3、0.4、0.5、0.75、1.0、1.5、2、2.5	作为交流 250 V 及以下各种移动电器、无线电设备和照明灯座接线用

【例 3—1—3】 NHBX—10 表示的是 10 mm^2 耐火铜芯橡胶绝缘线。

（2）配电线路。配电线路的标注用于表示线路的敷设方式及敷设部位，采用英文字母表示。线路敷设方式见表 3—1—4、敷设部位见表 3—1—5。

表 3—1—4　　线路敷设方式

序号	敷设方式	旧代号	新代号
1	暗敷	A	C
2	明敷	M	E
3	铝皮线卡	QD	AL
4	金属软管		F
5	厚壁钢管	GG	RC
6	穿焊接钢管敷设	G	SC
7	穿电线管敷设	DG	TC
8	穿硬聚氯乙烯管敷设	VG	PC
9	穿阻燃半硬聚氯乙烯管敷设	ZVG	FPC
10	瓷瓶或瓷柱敷设	CP	K
11	塑料线槽敷设	XC	PR
12	钢线槽敷设	GC	SR
13	金属线槽敷设		MR

续表

序号	敷设方式	旧代号	新代号
14	电缆桥架敷设		CT
15	瓷夹板敷设	CJ	PL
16	塑料夹敷设	VJ	PCL
17	穿蛇皮管敷设	SPG	CP
18	塑料阻燃管		PVC

表 3—1—5　敷设部位

序号	中文名称	旧代号	新代号
1	沿钢索敷设	S	SR
2	沿屋架或跨屋架敷设	LM	BE
3	沿柱或跨柱敷设	ZM	CLE
4	沿墙面敷设	QM	WE
5	沿天棚面或顶板面敷设	PM	CE
6	在能进人的吊顶内敷设	PNM	ACE
7	暗敷设在梁内	LA	BC
8	暗敷设在柱内	ZA	CLC
9	暗敷设在墙内	QA	WC
10	暗敷设在地面或地板内	DA	FC
11	暗敷设在屋面或顶板内	PA	CC
12	暗敷设在不能进人的吊顶内	PNA	ACC

配电线路的标注格式为：

$$a\text{–}b\,(c \times d)\,e\text{–}f$$

a——线路编号；

b——导线型号；

c——导线根数；

d——导线截面积；

e——线路敷设方式；

f——线路敷设部位。

【例 3—1—4】 N1 BV（3×4）SC20—FC 表示 N1 回路，3 根 4 mm^2 的铜芯聚

氯乙烯塑料绝缘线，穿 DN20 的焊接钢管地板内暗敷。

【例 3—1—5】 BV（3×50+1×25）SC50—FC 表示线路是铜芯塑料绝缘导线，3 根 50 mm^2，1 根 25 mm^2，穿管径为 50 mm 的焊接钢管沿地面暗敷。

3. 照明配电箱的标注

照明配电箱用于工业与民用建筑的电气照明和小容量动力系统中，可用于对电能分配、对线路及用电负荷的过载、短路保护和控制。应在电气平面图中的照明配电箱图形符号旁边标注其编号或型号。如果配电箱为非标产品，则只标注编号即可。照明配电箱的型号很多，可根据需要查阅有关电气设计手册和产品样本，了解配电箱的主接线图及其安装尺寸等。以 XX（或 R）M 系列照明配电箱为例，其型号标记方式及其含义如图 3—1—1 所示。

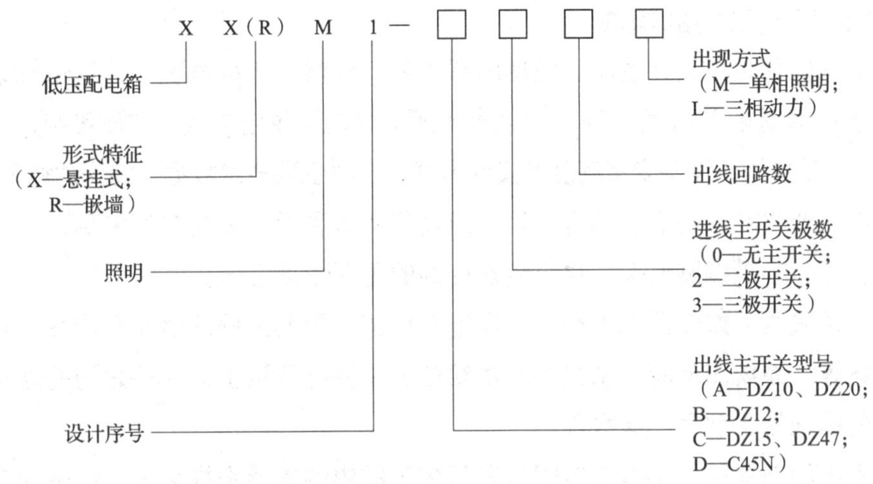

图 3—1—1　配电箱型号标记方式及其含义

照明配电箱中采用的小型塑壳式断路器（或称作自动空气开关）型号种类繁多，主要用于线路过载、短路保护以及在正常情况下不频繁通断的照明线路，还可以用于控制小容量电动机，其额定电流有 6、10、16、20、32、40、50、63 A 等数种，具有体积小、重量轻、分断能力强、安全可靠、安装方便和操作灵活等特点。

【例 3—1—6】 如图 3—1—2 所示为 XRM1-A312 M 照明配电箱主接线图，表示照明配电箱为嵌墙暗装，箱内装设一个进线主开关，型号为 DZ20 Y—100/3 300，脱扣器额定电流为 50 A，单相照明出线开关共 12 个，型号为 DZ47—10/IP。

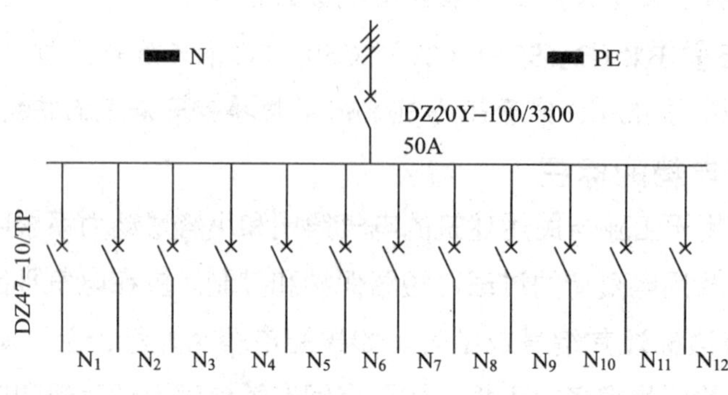

图 3—1—2　XRM1- A312 M 照明配电箱主接线图

二、电气施工图的组成与特点

1. 电气施工图的组成

（1）图样目录与设计说明。包括图样内容、数量、工程概况、设计依据以及图中未能表达清楚的各有关事项。如供电电源的来源、供电方式、电压等级、线路敷设方式、防雷接地、设备安装高度及安装方式、工程主要技术数据、施工注意事项等。

（2）主要材料设备表。包括工程中所使用的各种设备和材料的名称、型号、规格、数量等，它是编制设备、材料购置计划的重要依据之一。

（3）系统图。如变配电工程的供配电系统图、照明工程的照明系统图、电缆电视系统图等。系统图反映了系统的基本组成、主要电气设备、元件之间的连接情况以及它们的规格、型号、参数等。

（4）平面布置图。平面布置图是电气施工图中的重要图样之一，如变配电所电气设备布置平面图、照明平面图、防雷接地平面图等，用来表示电气设备的编号、名称、型号及安装位置、线路的起始点、敷设部位、敷设方式及所用导线型号、规格、根数、管径等。

（5）控制原理图。包括系统中各所用电气设备的电气控制原理，用以指导电气设备的安装和控制系统的调试运行工作。

（6）安装接线图。包括电气设备的布置与接线，应与控制原理图对照阅读，进行系统的配线和调校。

（7）安装大样图（详图）。安装大样图是详细表示电气设备安装方法的图样，对安装部件的各部位注有具体图形和详细尺寸，是进行安装施工和编制工程材料计

划时的重要参考。

2. 电气工程图的特点

（1）建筑电气工程图大多是采用统一的图形符号并加注文字符号绘制而成的。

（2）电气线路都必须构成闭合回路。

（3）线路中的各种设备、元件都是通过导线连接成为一个整体的。

（4）在进行建筑电气工程图识读时应阅读相应的土建工程图及其他安装工程图，以了解相互间的配合关系。

（5）建筑电气工程图对于设备的安装方法、质量要求以及使用维修方面的技术要求等往往不能完全反映出来，所以在阅读图样时有关安装方法、技术要求等问题，要参照相关图集和规范。

三、电气施工图识读方法

1. 熟悉电气图形符号

熟悉电气图形符号，弄清图形符号所代表的内容。常用的电气工程图形及文字符号可参见国家颁布的电气图形符号标准。

2. 识读顺序

针对一套电气施工图，一般应先按以下顺序阅读，然后再对某部分内容进行重点识读。

（1）看标题栏及图样目录。了解工程名称、项目内容、设计日期及图样内容、数量等。

（2）看设计说明。了解工程概况、设计依据等，了解图样中未能表达清楚的各有关事项。

（3）看设备材料表。了解工程中所使用的设备、材料的型号、规格和数量。

（4）看系统图。了解系统基本组成，主要电气设备、元件之间的连接关系以及它们的规格、型号、参数等，掌握该系统的组成概况。

（5）看平面布置图。如照明平面图、防雷接地平面图等。了解电气设备的规格、型号、数量及线路的起始点、敷设部位、敷设方式和导线根数等。平面图的阅读可按照以下顺序进行：电源进线→总配电箱→干线→支线→分配电箱→电气设备。

【例 3—1—7】 照明平面图和配套照明系统图的识读，如图 3—1—3、图 3—1—4 所示。

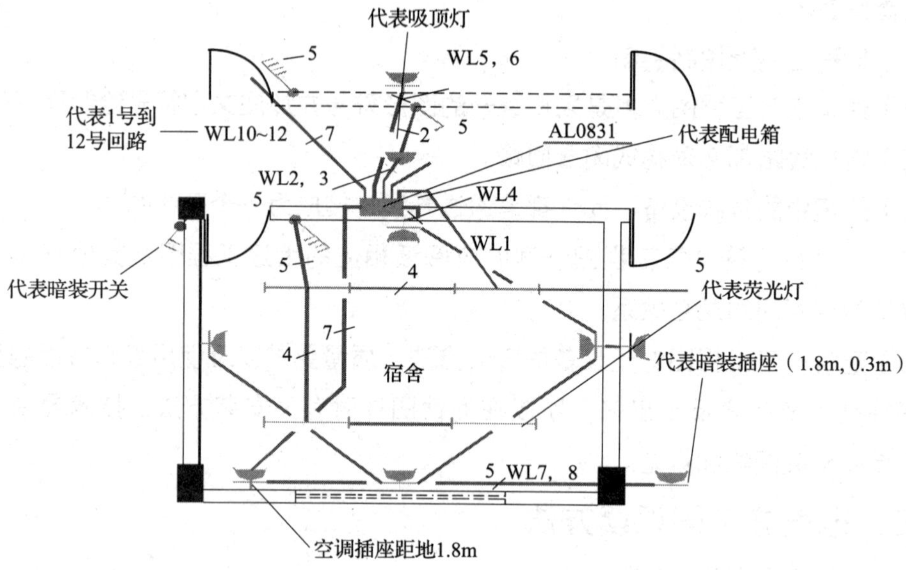

图 3—1—3　某宿舍照明平面图

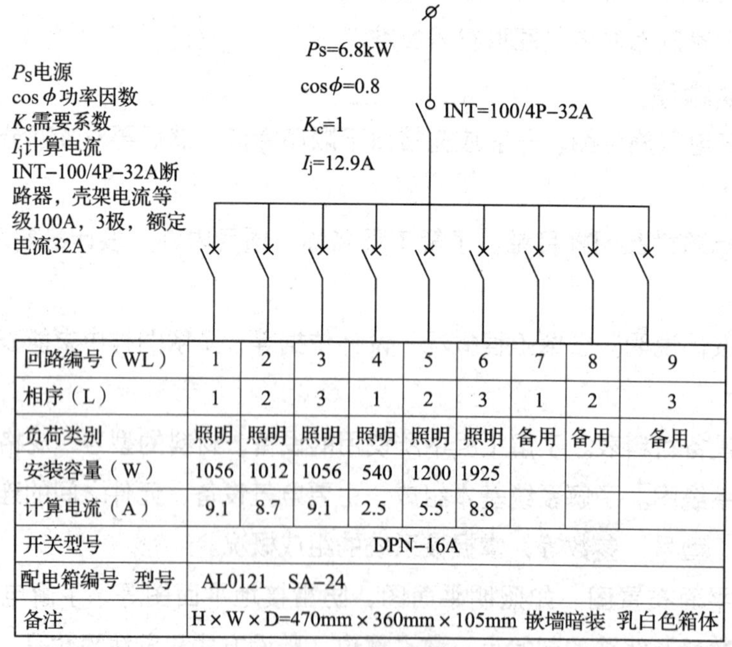

回路编号（WL）	1	2	3	4	5	6	7	8	9
相序（L）	1	2	3	1	2	3	1	2	3
负荷类别	照明	照明	照明	照明	照明	照明	备用	备用	备用
安装容量（W）	1056	1012	1056	540	1200	1925			
计算电流（A）	9.1	8.7	9.1	2.5	5.5	8.8			
开关型号	DPN-16A								
配电箱编号　型号	AL0121　SA-24								
备注	H×W×D=470mm×360mm×105mm 嵌墙暗装　乳白色箱体								

图 3—1—4　某宿舍配套照明系统图

从图 3—1—3 中大致可以看出从配电箱共引出了 12 个回路，采用暗敷设，分为照明和动力回路，如 WL1 荧光灯照明回路、WL7\WL8 动力回路。共有 6 个插

座，4 盏荧光灯，1 盏吸顶灯，4 个开关等。

从图 3—1—4 中大致可以看出系统的基本组成，主要电气设备、元件等的连接关系及它们的规格、型号、参数等，掌握该系统的基本概况。

【例 3—1—8】弱电平面图及系统图识读，如图 3—1—5、图 3—1—6 所示。

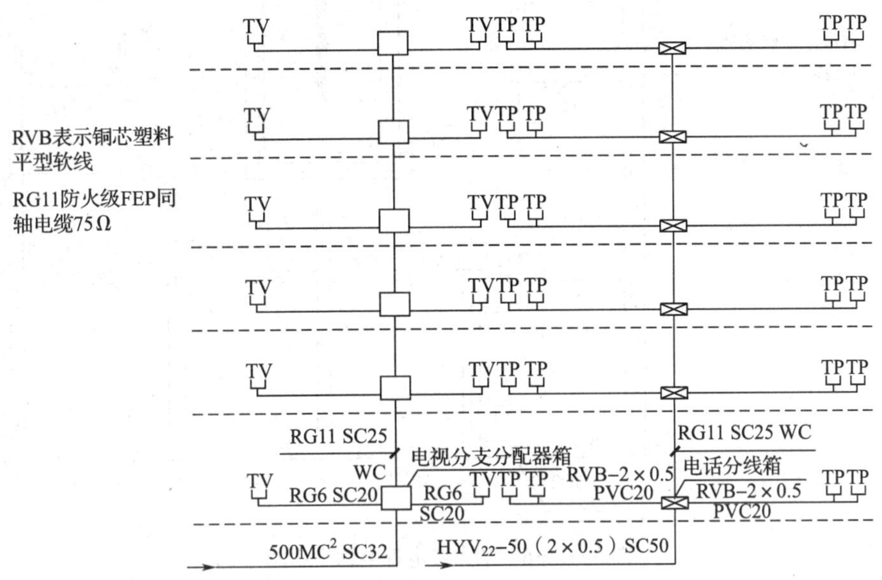

图 3—1—5　某大楼电视电话系统图（共 6 层）

在电视电话系统图中表明，有线电视干线先经分配器分成 6 条支路，每条支路又分了 2 条支路；电话线先经分线箱分成 6 条支路，每条支路又分了 4 条支路，以满足不同数量的用户终端的需要。本系统共 12 个有线电视终端插口和 24 个电话终端插口。在支路上需要安装终端电阻，阻值为 75 Ω。

从平面图中可以读出弱电设备在平面上的具体安装位置，从而指导弱电设备施工，如从图 3—1—6 中可以看出有线电视终端插座（TV）和电话插座（TP）的准确位置。图中的 M、MC 以及 C 分别代表的是不同型号的门和窗。

在电视电话平面图中可以清楚看到电视电话线路布线的走向，以及电视终端插口和电话终端插口的安装位置，本图显示共安装 4 个有线电视终端插口和 4 个电话终端插口。

（6）看控制原理图。了解系统中电气设备的电气自动控制原理，以指导设备安装调试工作。

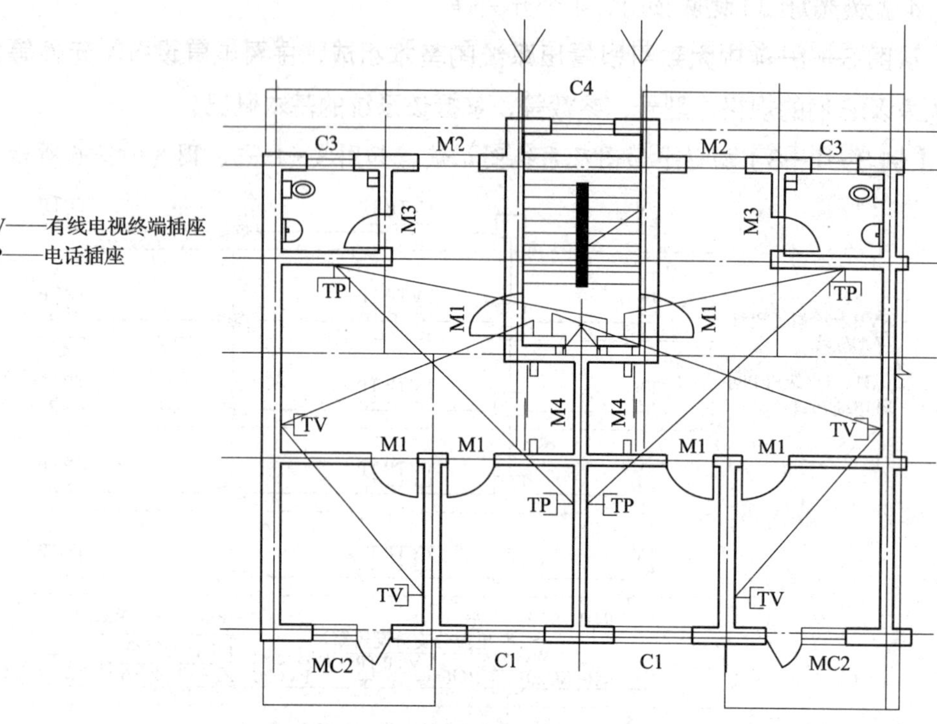

图 3—1—6　某大楼电视电话平面图

（7）看安装接线图。了解电气设备的布置与接线。

（8）看安装大样图。了解电气设备的具体安装方法、安装部件的具体尺寸等。

3. 抓住电气施工图要点进行识读

在识图时，应抓住要点进行识读，如：

（1）在明确负荷等级的基础上，了解供电电源的来源、引入方式及路数。

（2）了解电源的进户方式是由室外低压架空引入还是电缆直埋引入。

（3）明确各配电回路的相序、路径、管线敷设部位、敷设方式以及导线的型号和根数。

（4）明确电气设备、元件的平面安装位置。

4. 结合土建施工图进行阅读

电气施工与土建施工结合得非常紧密，施工中常常涉及各工种之间的配合问题。电气施工平面图只反映了电气设备的平面布置情况，结合土建施工图的阅读还可以了解电气设备的立体布置情况。

5. 熟悉施工顺序

如识读配电系统图、照明与插座平面图时，就应首先了解室内配线的施工顺序。

（1）根据电气施工图确定设备安装位置、导线敷设方式、敷设路径及导线穿墙或楼板的位置。

（2）结合土建施工进行各种预埋件、线管、接线盒、保护管的预埋。

（3）装设绝缘支持物、线夹等，敷设导线。

（4）安装灯具、开关、插座及电气设备。

（5）进行导线绝缘测试、检查及通电试验。

（6）工程验收。

四、电气施工图识读实例

1. 设计说明

设计说明一般是一套电气施工图的第一张图样，主要包括：工程概况、设计依据、设计范围、供配电设计、照明设计、线路敷设、设备安装、防雷接地、弱电系统、施工注意事项。

识读一套电气施工图，应首先仔细阅读设计说明，通过阅读，可以了解工程的概况、施工所涉及的内容、设计的依据、施工中的注意事项以及在图样中未能表达清楚的事宜。

下面的例子是某公寓的电气设计说明，通过它来初步了解电气施工图的设计说明。

设 计 说 明

一、设计依据

1.《民用建筑电气设计规范》（JGJ/T 16—2008）

2.《建筑物防雷设计规范》[GB 50057—1994（2000）]

3.《有线电视系统工程技术规范》（GB 50200—1994）

4. 其他有关国家及地方的现行规程、规范及标准

二、设计内容

本工程电气设计项目包括380 V/220 V供配电系统、照明系统、防雷接地系统

和电视电话系统。

三、供电系统

1. 供电方式

本工程拟由小区低压配电网引来380 V/220 V三相四线电源，引至住宅首层总配电箱，再分别引至各用电点；接地系统为TN—C—S系统，进户处零线须重复接地，设专用PE线，接地电阻不大于4 Ω；本工程采用放射式供电方式。

2. 线路敷设

低压配电干线选用铜芯交联聚乙烯绝缘电缆（YJV）穿钢管埋地或沿墙敷设；支干线、支线选用铜芯电线（BV）穿钢管沿建筑物墙、地面、顶板暗敷设。

四、照明部分

1. 本工程按普通住宅设计照明系统。

2. 所有荧光灯均配电子镇流器。

3. 卫生间插座采用防水防溅型插座；户内低于1.8 m的插座均采用安全型插座。

4. 各照明器具的安装高度详见主要设备材料表。

五、防雷接地系统

1. 本工程按民用三类建筑防雷要求设置防雷设施，利用建筑物金属体作防雷及接地装置，在女儿墙上设人工避雷带，利用框架柱内的两根对角主钢筋作防雷引下线，并利用结构基础内钢筋作自然接地体，所有防雷钢筋均焊接连通，屋面上所有金属构件和设备均应就近用 ϕ10镀锌圆钢与避雷带焊接连通，接地电阻不大于4 Ω，若实测大于此值应补充安装接地极直至满足要求；具体做法详见相关图样。

2. 本工程设总等电位连接。应将建筑物的PE干线、电气装置接地极的接地干线、水管等金属管道、建筑物的金属构件等导体作等电位连接。等电位连接做法遵守国标02D501—2《等电位联接安装》。

3. 所有带洗浴设备的卫生间均做等电位联接，具体做法参见98 ZD501—51、52。

4. 过电压保护：在电源总配电柜内装第一级电涌保护器（SPD）。

5. 本工程接地方式采用TN—C—S系统，电源在进户处做重复接地，并与防雷接地共用接地极。

六、电话、宽带系统

1. 电话电缆由室外穿管埋地引入首层的电话组线箱，再引至各个用户点。

2. 电话系统的管线、出线盒均为暗设，管线规格型号见系统图。

七、共用天线电视系统

1. 电视电缆由室外穿管埋地引入首层的电视前端箱，再分配到各用户分网。

2. 电视系统的管线、出线盒均为暗设，管线规格型号见系统图。

八、安装方式

九、其他

施工中应与土建密切配合，做好预留、预埋工作，严格按照国家有关规范、标准施工，未尽事宜在图样会审及施工期间另行解决，变更应经设计单位认可。

2. 照明配电系统图（图 3—1—7）

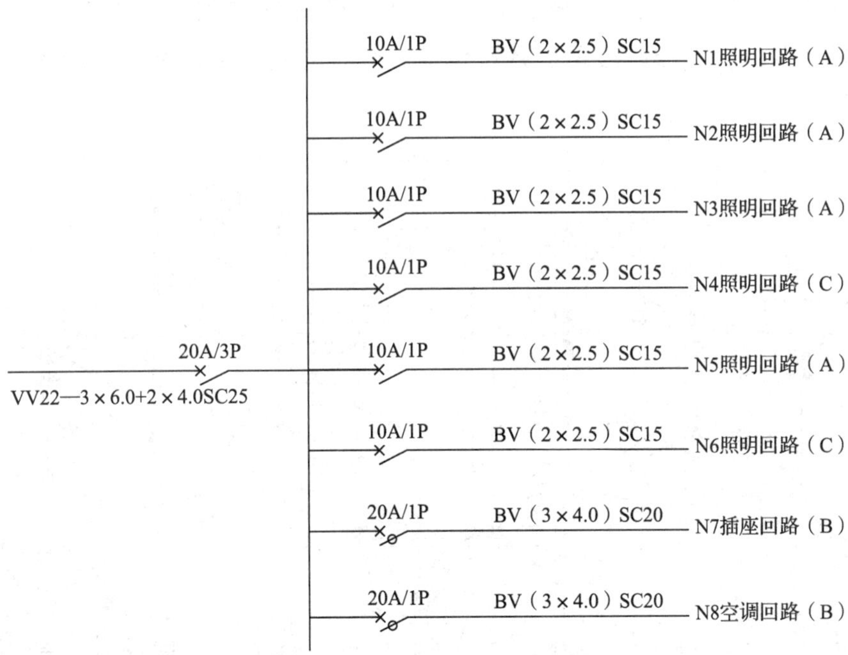

图 3—1—7　配电箱照明配电系统图

照明配电系统图是用图形符号、文字符号绘制的，用于表示建筑照明配电系统供电方式、配电回路分布及相互联系的建筑电气工程图，能集中反映照明的安装容量、计算容量、计算电流、配电方式、导线或电缆的型号、规格、数量、敷设方式及穿管管径、开关及熔断器的规格、型号等。通过照明配电系统图，可以了解建筑物内部电气照明配电系统的全貌，它也是进行电气安装调试的主要图样之一。照明配电系统图的主要内容包括：

（1）电源进户线、各级照明配电箱和供电回路，表示其相互连接形式。

（2）配电箱型号或编号，总照明配电箱及分照明配电箱所选用计量装置、开关和熔断器等器件的型号、规格。

（3）各供电回路的编号，导线型号、根数、截面积和线管直径，以及敷设导线长度等。

（4）照明器具等用电设备或供电回路的型号、名称、计算容量和计算电流等。

3. 平面布置图

插座、照明平面图（图3—1—8、图3—1—9）主要用来表示电源进户装置、照明配电箱、灯具、插座、开关等电气设备的数量、型号规格、安装位置、安装高度，表示照明线路的敷设位置、敷设方式、敷设路径、导线的型号规格等。

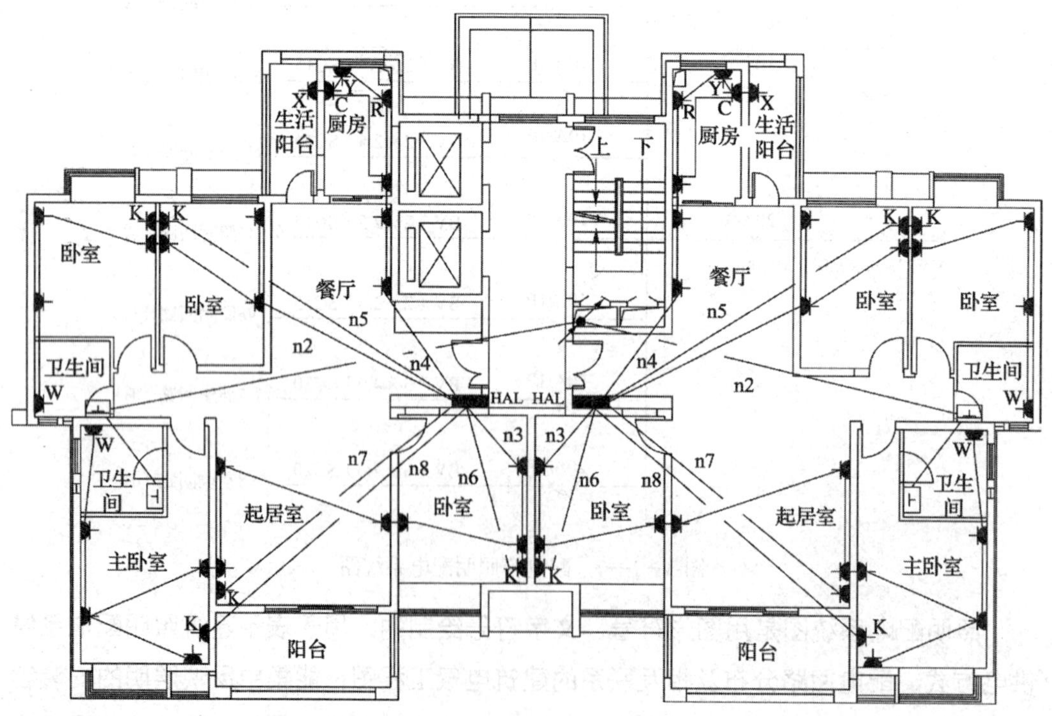

图3—1—8　插座平面图

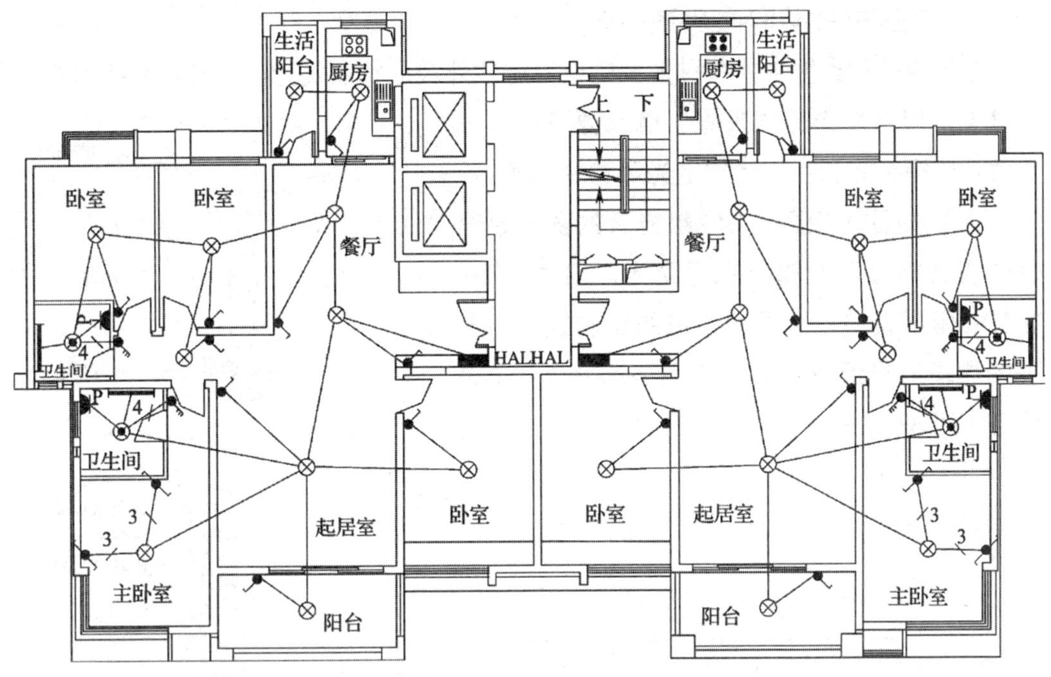

图 3—1—9　照明平面图

思考与练习

1. 图 3—1—8 中共有多少个插座?
2. 图 3—1—9 中共有多少盏灯?
3. 在电气施工图的平面图中通常可以读取什么信息?
4. 在电气施工图的系统图中通常可以读取什么信息?

第二节　常用建筑装饰电气（强电）照明设备安装

人们通常将建筑电气工程分为强电工程和弱电工程。强电一般是指供给建筑物内的动力设备、照明设备及其他用电设备所使用的电能，强电系统把电能引入建筑物，并通过用电设备转换成机械能、热能和光能等。

建筑电气照明强电工程主要解决的问题是在确保建筑物内所有用电设备安全可靠用电的前提下，减少能源损耗，提高利用效率。

一、常用建筑电气照明设备

1. 建筑电气照明电光源分类

电光源的种类很多，各种形式的电光源的外观形状以及光电性能指标都有很大的差异，但从发光原理来看，电光源可分为三大类：热辐射光源、气体放电光源和冷光源。

（1）热辐射光源。热辐射光源的发光原理是金属在高温下会辐射出可见光，温度越高，在其总辐射量中，可见光所占的比例越大。典型的热辐射光源有白炽灯（图 3—2—1）和卤钨灯（图 3—2—2）等。

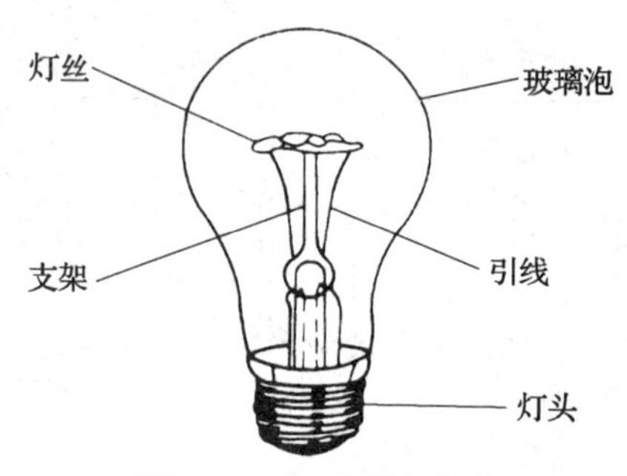

图 3—2—1　白炽灯结构

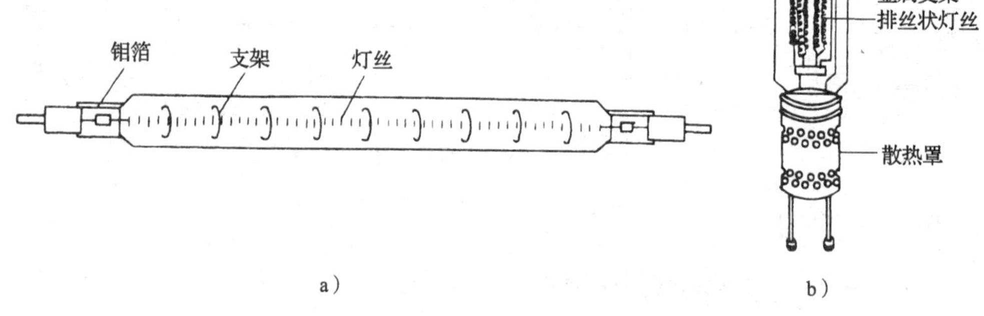

图 3—2—2　卤钨灯结构

（2）气体放电光源。其发光原理是利用蒸气的弧光放电或非金属电离激发而发出可见光。

气体放电光源的种类很多，如荧光灯（图 3—2—3）、高压水银灯（图 3—2—4）、高压钠灯（图 3—2—5）、金属卤化物灯等，其共同的特点是发光效率高、寿命长、耐振性好等，代表着新型电光源的发展方向。

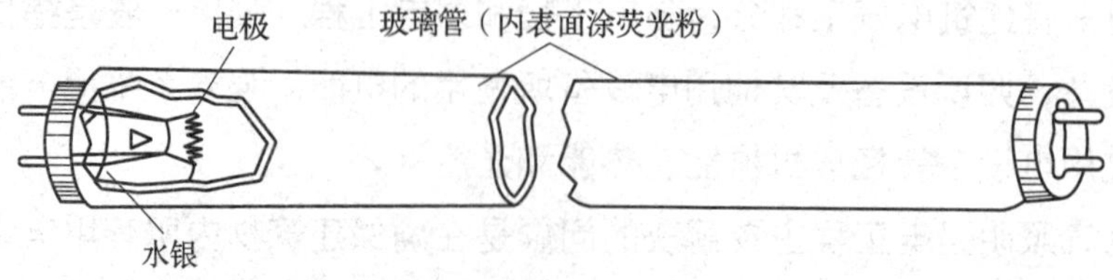

图 3—2—3　荧光灯结构

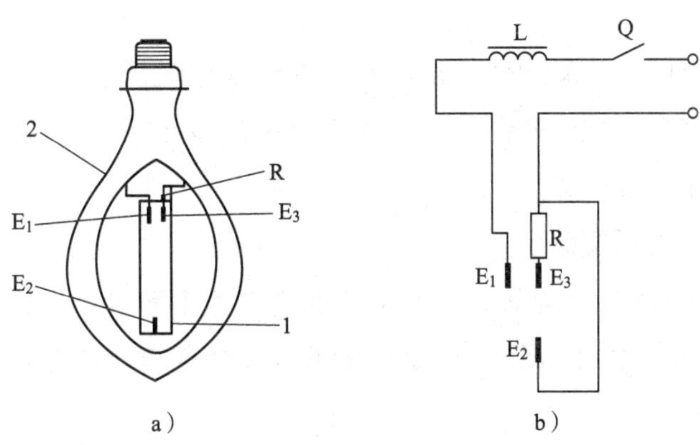

图 3—2—4　高压水银灯结构及原理

a）结构图　b）原理图

1—放电管　2—玻璃外壳　E_1、E_2—主电极　E_3—引燃电极

（3）冷光源（LED 灯）。LED 是英文 light emitting diode（发光二极管）的缩写，它是一块半导体材料用银胶或白胶固定到支架上，用银线进行焊接，四周用环氧树脂密封，起到保护内部芯线的作用，所以 LED 灯的抗振性能好。

1）LED 灯和普通日光灯对比，有以下优点：

①节能。

②寿命长。

③适用性好，因单颗 LED 的体积小，可以做成任何形状。

④响应时间短，是 ns（纳秒）级别的响应时间，而普通灯具是 ms（毫秒）级别的响应时间。

⑤环保，无有害金属，废弃物容易回收。

⑥色彩绚丽，发光色彩纯正，光谱范围窄，并能通过红绿蓝三基色混色成七彩或者白光。

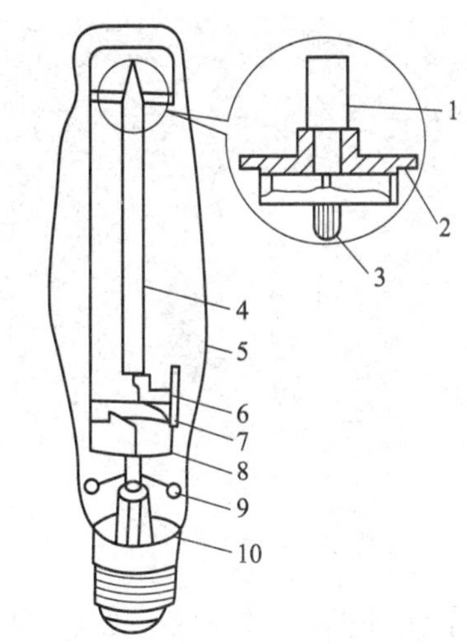

图 3—2—5　高压钠灯结构

1—金属排气管　2—铌帽　3—电极　4—放电管　5—玻璃外壳　6—管脚　7—双金属片　8—金属支架　9—钡消气剂　10—焊锡

2）LED 灯缺点：

①价格贵。

②能普遍做到的光效率和理论光效率比还有很大差距。

③能做到的寿命和理论寿命（10 万 h）比还有很大差距。

④还是有一定的发热量。

⑤光衰还可以大幅度缩小。

虽然 LED 灯仍然有这些缺点，但是随着科技的不断进步，这些问题都可以通过工艺的改进克服，因此 LED 光源正在渐渐地取代现有传统光源，成为现阶段家装的首选照明设备。

2. 按照安装方式分类

按照灯具的安装方式可将灯具分为壁灯、吊灯、吸顶灯、落地灯、台式灯具、柱灯等。

（1）壁式灯具（图 3—2—6）。壁式灯具简称壁灯，安装在墙壁或柱上。

（2）吊灯（图 3—2—7）。吊灯是室内装饰照明中常用的灯具，豪华型的花吊灯经常安装于高大的厅堂和旋转楼梯中间部位等处。

图 3—2—6 壁灯

图 3—2—7 吊灯

（3）吸顶灯（图 3—2—8）。吸顶灯紧贴顶棚安装，适用于层高较低的室内，如宾馆客房内的顶灯，住宅、卫生间、走道等处的照明。其外形可制作成圆筒形、方形、扁圆形、半球形等。

（4）落地灯（图 3—2—9）。落地灯的特点是可根据室内家具布置的需要，灵

活地改变其位置，与沙发、茶几、书桌等组合使用，给人带来室内空间“常变常新”的感觉。

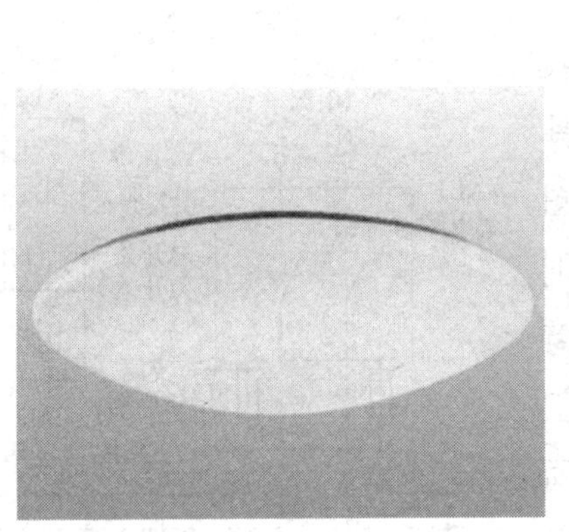

图 3—2—8　吸顶灯

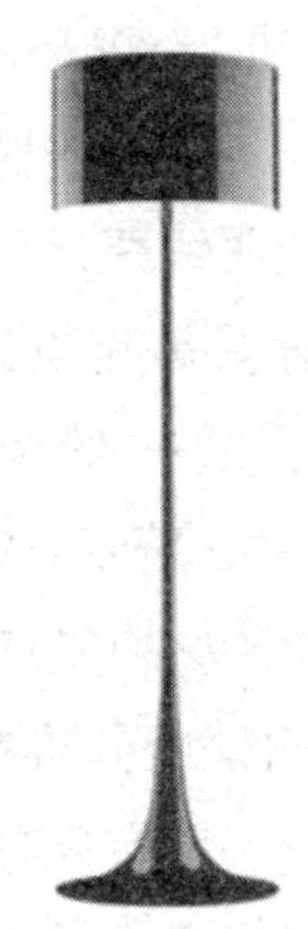

图 3—2—9　落地灯

（5）台灯（图 3—2—10）。台灯主要用于局部照明，宜采用有电子镇流器的高效荧光灯管。

（6）柱灯（图 3—2—11）。柱灯主要用于庭院照明，特别是街心花园、公园、宾馆内草坪等场所。

图 3—2—10　台灯

图 3—2—11　柱灯

二、电气照明线路的敷设工艺

电气照明线路是指室内接至用电器具的供电线路和控制线路，包括所有的导线（或电缆），以及它们的支持物、固定和保护导线用的配件。

1. 照明线路的组成

照明线路是对照明灯具、电扇、空调器、电热器具等用电设备供电和控制的线路，其供电方式一般为单相 220 V 两线制，如图 3—2—12 所示。如果负荷电流超过 30 A，则采用 380/220 V 三相四线制供电，将用电负荷尽量均匀地分接在 3 个相线上。引入线的工作电流为所有用电器具额定电流的总和乘以同时使用系数（也叫需用率）。引入线的载流量应大于或等于引入线的工作电流。

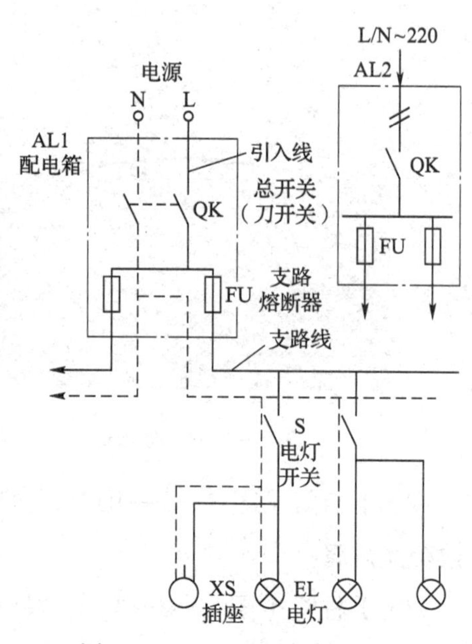

图 3—2—12　照明线路的组成

2. 室内照明线路的敷设方式

室内照明线路的敷设方式有许多种，线路的敷设位置也不同，按其在建筑物结构内外敷设，可分为明敷和暗敷；按其在建筑物结构上的位置，可分为沿柱、沿梁、沿顶棚或沿地面敷设（图 3—2—13）；按其所用配件方式，可分为瓷夹板配线、鼓形绝缘子配线、槽板配线、线管配线、护套线配线等。

a）

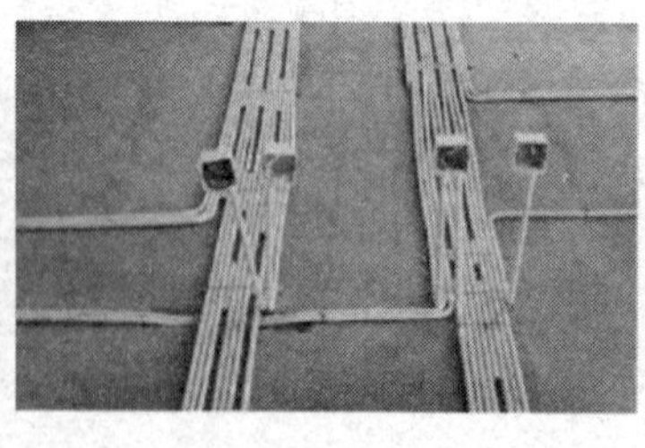

b）

c）

图 3—2—13　室内照明线路的敷设形式

a）明敷在天花板上　b）暗敷在地上　c）暗敷在墙上

暗敷时导线在地面、楼板、顶棚和墙壁泥灰层下面敷设。暗敷与建筑物施工同步进行，在施工过程中，把各种预埋件置于建筑物结构中，建筑物完工后再进一步

完成线路敷设。暗敷是建筑物内线路敷设的主要方法。

3. 电线的选择

（1）电线截面积的选择。正确地选择绝缘电线的导体截面积，是保证安全用电的最重要措施之一。

绝缘电线的安全载流量主要取决于导体的材料和截面积，还与绝缘电线的绝缘材质、敷设方式、环境温度等有关。导体材料确定之后，截面积就是第一位应考虑的问题。绝缘电线中导体的电导率越高、截面积越大，其安全载流量就越大。

（2）电线颜色的选择。如图 3—2—14 所示，导线有不同颜色的外皮。在室内配线中，电线颜色的选择容易被忽视。把不符合颜色规定的用剩的电线用在室内配线中，例如用原作为相线的红色电线用作接地线等，这是不允许的。

图 3—2—14　电线的颜色

规定电线颜色的目的，除了在安装施工时便于识别外，还为今后维护时提供方便，减少误判而引起的事故。

有关国家标准已明确规定：相线（L）为黄、绿、红三色；中性线（N）为淡黄色；保护线（PE）为绿 / 黄双色。

如果室内配线为三相供电，那么开关箱引出的相线必须与进线同色。三相插座的三根相线用同一种颜色线，这也是不允许的。在三相供电系统中，单相插座的相线同样应与电源进线颜色相同。固定式三相设备的电源线，其色标要求和电源线一致。如果室内配线是单相供电，为便于判断故障，建议住户开关箱的分路出线采用不同颜色的电线，即用黄、绿、红三种颜色的相线，当某灯发生相线故障时，根据导线颜色就知道是哪一分路的故障。

4. 室内明装电线的敷设

（1）用塑料线卡明装护套线

1）塑料线卡。塑料线卡由塑料卡和水泥钉组成，用于一般电线、通信用导线或有线电视电缆作室内外明敷配线。其外形有两种，如图 3—2—15 所示。配线时应根据所敷设的护套线的外形是圆形还是扁形，选用圆形卡槽或方形卡槽的线卡。卡钉的规格很多，可用于外径为 3 ~ 20 mm 的护套线。通常用的卡钉是钢钉，可直接钉在墙上，钉时要掌握力度，如果把墙面钉崩了就得换位置重钉。

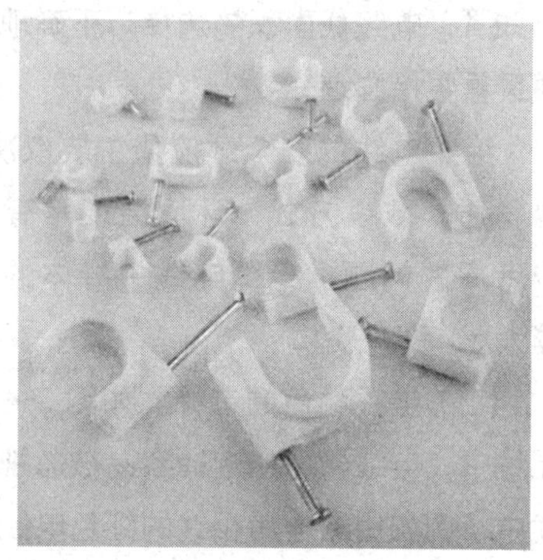

图 3—2—15　明敷用的塑料线卡

室内照明线路采用塑料护套线布线时可用塑料线卡直接敷设在墙壁及其他建筑物表面。这种布线方法属于直敷布线方式，一般应用于家庭、工地工棚、临时建筑物、仓库等场所。

2）护套线明装步骤与部位。用塑料线卡进行塑料护套线配线的步骤：定位划线→敷设导线→塑料卡钉的固定。

为了达到护套线路整齐、美观的效果，护套线必须敷设得横平竖直，平行敷设的线应靠得紧密，线与线间不能有明显空隙。在敷线时，首先把弯曲的部位用纱团裹捏住来回勒平，使之挺直。敷设部位一般沿墙角敷设，或沿门边敷设，或沿墙脚瓷夹板敷设，导线应横平竖直，不应有松弛、扭绞和曲折现象。

（2）用阻燃 PVC 电线管明装导线

1）阻燃 PVC 电线管。目前，在室内电气配线施工中，大量使用塑料管。常用的塑料管材有 PVC（聚氯乙烯）硬质塑料管、FPG（聚氯乙烯半硬质塑料管）和 KPC（聚氯乙烯塑料波纹塑料管）。为保证电气线路符合防火规范要求，在施工中主要采用阻燃 PVC 电线管，它具有抗压能力强、防潮、耐酸碱、防鼠咬、阻燃、绝缘等优点，广泛用于公用建筑、住宅等建筑物的电气配管，可浇筑于混凝土内，也可明装于室内及吊顶等场所。

常用阻燃 PVC 电线管管径有 16 mm、20 mm、25 mm、32 mm、40 mm、50 mm、63 mm、75 mm 和 110 mm 等规格。ϕ16 mm、ϕ20 mm 一般用于室内

照明线路，ϕ25 mm 常用于插座或室内主线管，ϕ32 mm 常用于进户线的线管，有时也用于弱电线管，ϕ50 mm、ϕ63 mm、ϕ75 mm 常用于室外配电箱至户内的线管，ϕ110 mm 可用于每栋楼或者每单元的主线管（主线管常用的都是铁管或镀锌管）。部分阻燃 PVC 电线管的外形如图 3—2—16 所示。

图 3—2—16　部分阻燃 PVC 电线管的外形

2）PVC 电线管的配件。PVC 管使用专用配套的套管连接时，将管头涂上专用黏合剂后，插入套管。如套管稍大，可在管头上缠塑料胶布然后涂专用黏合剂插入。即使是暗敷的管子，连接处也不能漏涂专用黏合剂。涂抹黏合剂时，接合面应保持干燥，套管的内表面和管子的外表面都应涂抹黏合剂。涂抹后立即扭动插入至少放置 15 s 后方能继续施工。部分 PVC 电线管的配件如图 3—2—17 所示。

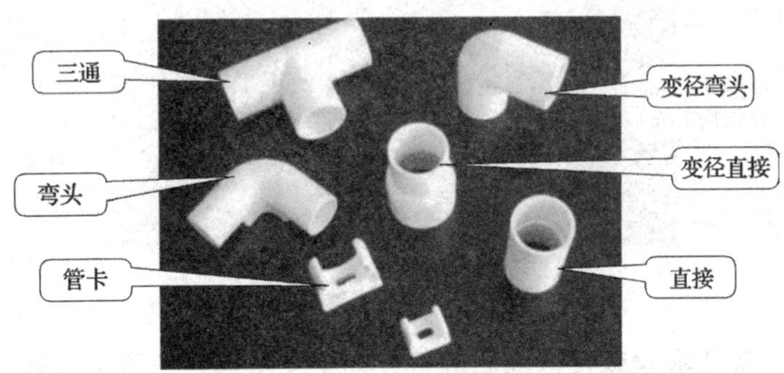

图 3—2—17　部分 PVC 电线管的配件

3）PVC 电线管的切割与弯曲。切割 PVC 电线管宜用专用剪刀，亦可用钢锯锯断。PVC 管厂商提供的剪刀可以切割直径为 16 ~ 40 mm 的圆管。用剪刀切割管子时，先打开手柄，把管子放入刀口内，握紧手柄，用棘轮锁住刀口；松开手柄后再握紧，直到管子被切断。用专用剪刀切割管子，管口光滑。若用钢锯切割，管口处应加以光洁处理后再进行下一道工序。

如图 3—2—18 所示，PVC 电线管的弯曲不需加热，可以直接冷弯，为了防止弯瘪，弯管时在管内插入弯管弹簧，弯管后将弹簧拉出，弯管半径不宜过小。在管中部弯时将弹簧两端拴上铁丝，便于拉动。不同内径的管子配不同规格的弹簧。

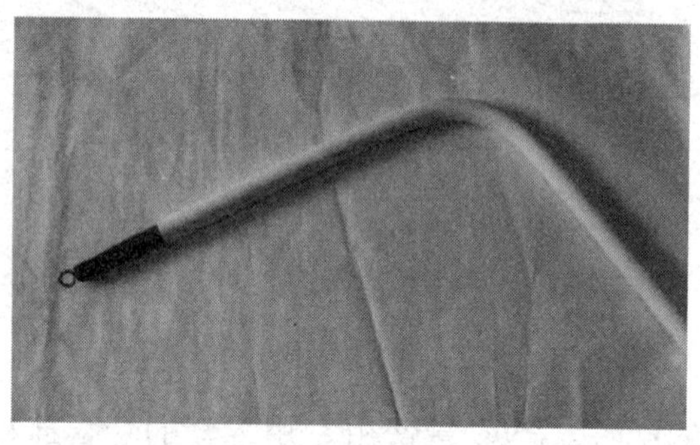

图 3—2—18　用弯管弹簧弯管

4）PVC 电线管的固定。PVC 电线管明敷布线时的线管是用管卡（俗称骑马）来支持的。如图 3—2—19 所示，单根管线可选用成品管卡，规格与线管相同，因此选用时必须与管子规格相匹配。

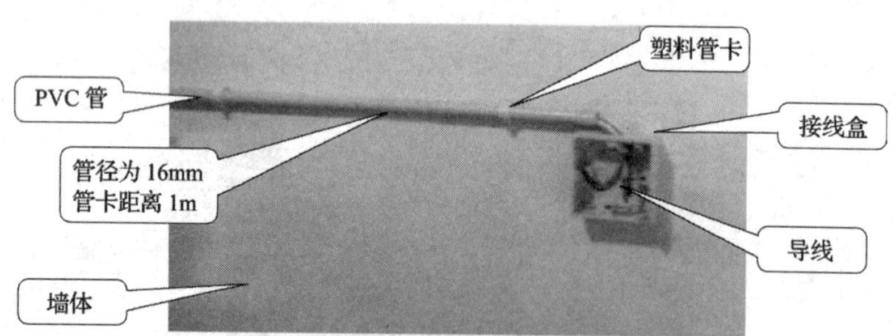

图 3—2—19　PVC 电线管的固定

明设管线在穿越墙壁或楼板前后应各设一个支持点，位置（装管卡点）距建筑物面（穿越孔口）1.5 ~ 3.5 倍于所敷线管外径；转角前后也应各设一个支持点；进出木台或配电箱也各应设一个支持点；直线段两支持点的间距与管径大小有关，管径在 20 mm 及以下时，管卡间距为 1 m；管径在 25 ~ 40 mm 时，管卡间距为 1.2 ~ 1.5 m；管径在 50 mm 及以上时，管卡间距为 2 m。

5. 室内线管暗装导线的敷设

(1) 配合土建工程预埋管路的暗敷布线

1) 配合土建工程预埋管路的施工。如图 3—2—20 所示为配合某土建工程的预埋管。

图 3—2—20　配合某土建工程的预埋管

配合土建工程预埋管路要随土建工程的进度同步进行。正确合理地安装预埋件，不但能有效提高导线安装的效率，还能防止因在建筑物上重新凿墙刨洞而影响美观及安装质量。

配合土建工程预埋管路的施工应符合现行国家标准和规范的规定。根据设计施工图、土建结构、房间的布置来敷设线管。同时要掌握楼板厚度、墙厚、标高、梁和柱的截面积、抹灰厚度等土建的基本数据，敷设线管的规格型号应符合设计要求。

敷设在水泥混凝土内的线管应尽量减少弯曲，与其表面的距离不应小于 15 mm；进入落地式柜、箱的线管，应排列整齐，管口一般宜高出柜、箱基础面 50 ~ 80 mm，且同一工程应保持一致。

2) 预埋插座盒及开关接线盒。为了安装开关、插座、灯具及导线连接，在预埋电线管的同时，在开关、插座、灯具的位置也要预埋接线盒，接线盒在预埋时必须安装牢固，不能倾斜或有其他缺陷，否则将直接影响开关、插座、灯具等的安装质量。在墙面安装接线盒时，应将盒口封堵严实，以免异物落入。在地面安装接线盒时，应将盒口朝下，如图 3—2—21 所示。

3）管内穿线。预埋线管后，墙面要抹灰修整，此时可配合土建工程在管内穿线。穿线时先将钢丝穿入管内，钢丝穿入管内后就可以带导线。带入的导线根数应根据设计施工图要求进行。方法是在钢丝上套入一个塑料护口，钢丝尾端做一个环形套，然后将导线绝缘层剥去 5 cm 左右，几根导线均穿入环形套，线头弯回后用其中一根自缠绑扎，最后就可以将导线拉入管内了。

图 3—2—21　预埋插座盒及开关接线盒

多根导线穿入管内的过程中，导线要排顺，不能有绞合，不能有死弯，当钢丝带着导线往外拉时，必须安排一个人在另一端专门送线。导线全部带入电线管内后，留下足够的长度，把线头打开取下钢丝，线尾端也应留下足够的长度再剪断，一般留头长度为出盒 10 cm 左右，接线较为方便，如果留头过长，接线盒内可能装不下。

（2）房屋装修暗敷布线

1）定位、划线与凿开管槽。房屋装修暗敷布线施工的步骤是先在建筑物面上确定开关、插座的位置，然后标划走向线。再按走向线用电锤凿开管槽，以及按标定的接线盒埋穴位置凿打接线盒埋穴，如图 3—2—22 所示。

图 3—2—22　凿开管槽

槽的深度只要达到电线保护管与墙砖面齐平即可。GB 50303—2002《建筑电气施工质量验收规范》规定：埋入建筑物、构筑物内的电线保护管，与建筑物、构

筑物表面的距离不应小于 15 mm。砖墙上的粉层土建规定不小于 15 mm，因此保护管只要与砖面齐平即可。

2）在线管中穿线。暗管配线按管子的埋设方法，分为预埋和现埋两种，现埋因室内装饰装修而兴起。

现埋的主要特点就是管线在现场埋好。定位、划线与凿开管槽后，就可按管线的长短切割与弯曲 PVC 电线管，切割与弯曲 PVC 电线管的方法与前面介绍的明敷 PVC 电线管时的操作一样。

切割与弯曲 PVC 电线管后，就可在线管中穿线。强电线要分好颜色，红色线是相线，蓝色线是中性线，黄绿双色线是接地线或双控线，如图 3—2—23 所示。

图 3—2—23　在线管中穿线

3）埋设线管与固定接线盒。在线管中穿好线后，便可埋设线管。埋管时，应从一端线盒埋至另一端，并应隔挡或隔几挡将铅丝稍绞几转而把线管初步固定起来，不让线管弹出埋槽即可。

固定接线盒时，应使盒口略伸出砖砌面而凹入粉刷面 3 ~ 5 mm，切不可装得凸出粉刷面。同时，盒体必须装得端正，并应在线管通入侧的盒壁上打通敲落孔（即敲去孔上未经敲落的孔盖），并应使线管通入盒中。

暗敷接线盒的外形如图 3—2—24 所示。

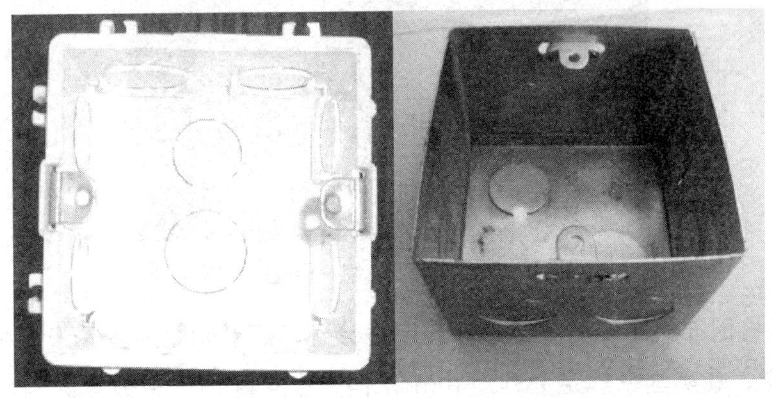

图 3—2—24　暗敷接线盒的外形

4）填封管槽与接线盒埋穴的空隙。如图 3—2—25 所示，在埋设好线管与固定接线盒后，可用 1∶2 水泥与粗黄砂调制而成的砂浆，填封管槽和接线盒埋穴的空隙，但填封不要高出砖砌面，应与砖砌面齐平。待线管和线盒被砂浆凝固牢后，应把每个盒内的电线头弯好放在盒内，在房屋装饰装修后期安装开关与插座。

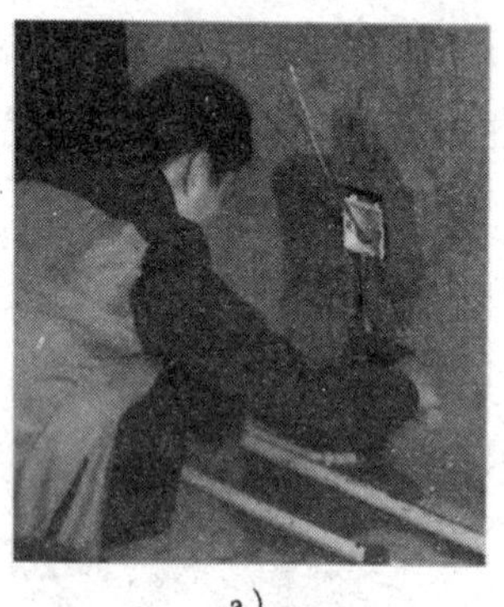

a）

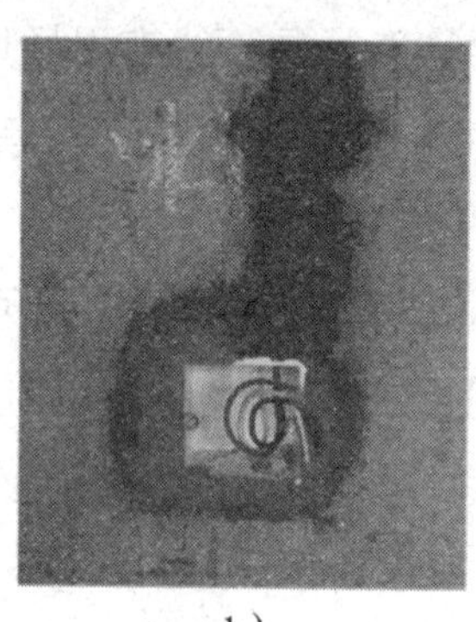

b）

图 3—2—25　填封管槽与接线盒埋穴的空隙

a）填好管槽与接线盒的空隙　b）填封好的插座

（3）吊顶装修时预放线管及布线。吊顶装修时管道敷设的固定可参照用阻燃 PVC 电线管明装导线的施工工艺，电线管的连接、弯曲、走向等参照暗装导线的施工工艺，接线盒可使用暗盒。图 3—2—26 所示为某项目吊顶装修时预放的线管，图 3—2—27 所示为吊顶装修时暗敷的导线。

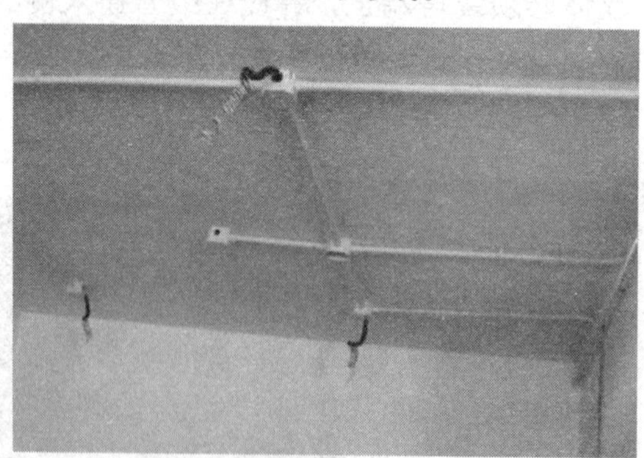

图 3—2—26　吊顶装修时预放的线管

吊顶装修时布线也要将强电线和弱电线分开，走线间距至少 150 mm，且不能同管同底盒。其实国家规定为 500 mm ，但是在实际施工中很难做到。要尽可能避免强电线对弱电线信号产生干扰。所谓强电线就是指普通的电源线，而弱电线则

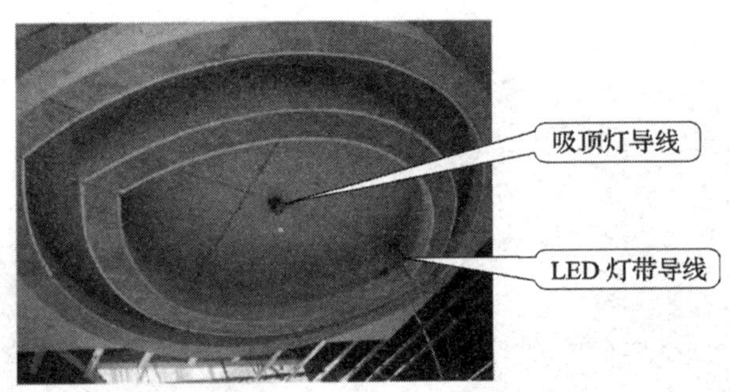

图 3—2—27 吊顶装修时暗敷的导线

是指电视线、网络线等。布线时要注意线径与管径的大小，一般管内的线径不能超过管径的 40%。这样有两个好处，一是维修时抽线较为方便；二是管内线径较小，便于散热。

6. 线路质量检验

（1）安装质量的检验。如图 3—2—28 所示，通常采用人工复查和复测的方法。如检验导线规格时，可在线路装置中所露线芯上进行复测；检验支持点是否牢固时，往往用手拉攀检查；检验明敷的线路，一般都通过检查导线的走向及连接位置来判断有否接错；检验暗敷的线路，一般通过检验线头标记或导线绝缘层颜色来判断接线是否正确。

（2）绝缘电阻的检验。绝缘电阻的检验可用绝缘电阻表（又称为兆欧表）测量。具体的测量方法是在单相线路中，需测量两线间的绝缘电阻（即相线和中性线），以及相线和大地之间的绝缘电阻；在三相四线制线路中，需分别测量四根导线中的每两线间的绝缘电阻以及每根相线和大地之间的绝缘电阻。测量前，应卸下线路上的所有熔断器插盖（或熔断管），同时，凡已接在线路上的所有用电设备或器具也均需脱离（如卸下灯泡）。然后在每段线路熔断器的下接线柱上进行测量。测量方法如图 3—2—29 所示。

三、常用建筑装饰电气照明设备安装工艺

1. 安装工艺要求

灯具的选用应符合设计要求，在易燃易爆场所选用防爆式灯具；有腐蚀性气体及特别潮湿的场所采用封闭式灯具，各部件做好防腐处理；多尘的场所采用封闭式或密闭式灯具。

图 3—2—28　检验暗敷的线路

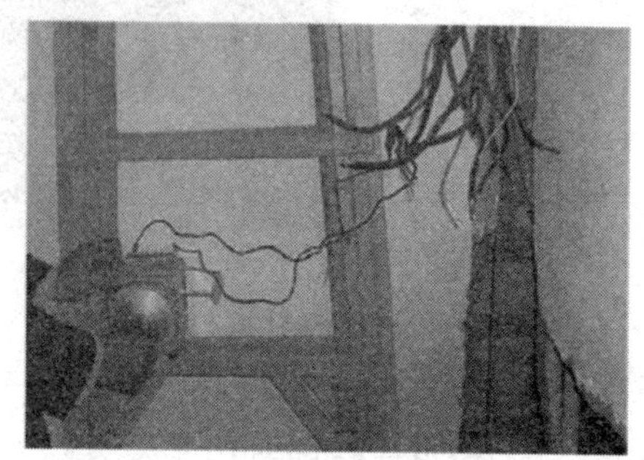

图 3—2—29　导线绝缘电阻的测量

（1）特种灯具检查。各种标志灯的指示方向正确无误；应急灯必须灵敏可靠；事故照明灯应有特殊标志；局部照明灯必须是双圈变压器，初次级均应装有熔断器。

（2）塑料绝缘台的安装。将接灯线从绝缘台的出线孔中穿出，塑料绝缘台紧贴建筑物表面，安装孔对准灯头盒螺孔，用机螺钉将绝缘台固定牢固。把从绝缘台甩出的导线留出适当维修长度，削出线芯，用平压法与平灯口压线点接牢。将多余线推入灯头盒内，平灯口应与绝缘台的中心找正，用长度小于 20 mm 的木螺钉固定。

2. 配电箱的安装

（1）施工工艺流程

1）弹线定位。根据设计要求找出配电箱（盘）位置，并按配电箱（盘）的外形尺寸进行弹线定位。弹线定位的目的是对有预埋木砖或铁件的情况，可以准确地找出预埋件，或者可以找出金属膨胀螺栓的位置。

2）明装配电箱（盘）（图 3—2—30）

①金属膨胀螺栓固定配电箱（盘）。采用金属膨胀螺栓可在混凝土墙或砖墙上固定配电箱（盘）。先根据弹线定位，找出准确的固定点位置，用电钻或冲击钻在固定点位置钻孔，其孔径应刚好将金属膨胀螺栓的胀管部分埋入墙内，且孔洞应平直，不得歪斜。

图 3—2—30　配电箱安装

②铁架固定配电箱（盘）。将角钢调直，量好尺寸，画好锯口线，锯断煨弯，钻孔位，焊接。煨弯时用方尺找正，再用电（气）焊将对口缝焊牢，并将埋注端做成燕尾形，除锈，按标高用高标号水泥砂浆将铁架燕尾端埋注牢固，埋入时要注意铁架的平直程度，应用线坠和水平尺测量准确后再稳住铁架，待水泥砂浆凝固后方可进行配电箱（盘）的安装。

在混凝土墙或砖墙上固定明装配电箱（盘）时，采用暗配管、暗分线盒和明配管两种方式。如有分线盒，先将盒内杂物清理干净，然后将导线理顺，分清支路和相序，按支路绑扎成束。待箱（盘）找准位置后，将导线端头引至箱内，剥削导线端头，再逐个压接在端子上，同时将保护地线和中性线压在 PE 汇流排和 N 汇流排上，并将箱（盘）调整平直后进行固定。

3）暗装配电箱的固定。根据预留孔洞尺寸先将箱体找好标高及水平尺寸，将箱体固定好，然后用水泥砂浆填实周边并抹平，待水泥砂浆凝固后再安装盘面和贴脸。如箱底与外墙平齐时，应在外墙固定金属网后再做墙面抹灰。不得在箱底板上抹灰。安装盘面要求平整，周边间隙均匀对称，贴脸（门）平正，不歪斜，螺钉垂直受力均匀。

4）绝缘摇测。配电箱（盘）安装完毕后，用 1 kV 兆欧表对线路进行绝缘摇测。摇测项目包括相线与相线之间、相线与零线之间、相线与地线之间、零线与地线之间。两人摇测，做好记录，纳入技术资料。

（2）安装注意事项

1）配电箱（盘）应安装在安全、干燥、易操作的场所，配电箱安装时底口距

地一般为 1.5 m。在同一建筑物内，同类盘的高度应一致，允许偏差为 10 mm。

2）安装配电箱（盘）所需的铁件等应预埋，预埋的各种铁件应刷防锈漆，并做好明显可靠的接地。挂式配电箱（盘）采用金属膨胀螺栓固定。

3）金属配电箱（盘）带有器具的门均应有明显可靠的软铜线接地。

4）配电箱（盘）上配线需排列整齐，绑扎成束，在活动部位的两端应由卡子固定。盘面引出及引进的导线应留有适当余度，以便于检修。

5）导线剥削处不应损伤线芯或线芯过长，导线压头应牢固可靠，多股导线不应盘圈压接，应加装压线端子用顶丝压接。

6）配电箱（盘）的盘面上安装的各种手控、自控电器等，当处于断路状态时，刀片可动部分均不带电。

7）垂直装设的电器一般均应上端接电源，下端接负荷；横装者左侧（面对盘面）接电源，右侧接负荷。

8）配电箱（盘）上的电源指示灯，其电源应接至总开关的外侧，并应单独装熔断器（电源侧）。盘面闸具位置应与支路相对应，其下面应装设卡片框，标明路别及容量。

9）TN–S 中的零线应在进户 π 接箱处做好重复接地。若设计无要求，当 PE 线所用材质和相线相同时，其选择截面应不小于表 3—2—1 中规定的数值。

表 3—2—1 截面选择规定 mm^2

序号	装置的相导线截面积（S）	保护导线的最小面积（S_P）
1	$S \leqslant 16$	$S_P=S$
2	$16 < S \leqslant 35$	$S_P=16$
3	$35 < S \leqslant 400$	$S_P=S/2$
4	$400 < S \leqslant 800$	200
5	$S > 800$	$S/4$

3. 普通灯具安装

（1）吸顶灯的安装（图 3—2—31）。现浇混凝土楼板，当室内只有一盏灯时，其灯位盒应设在纵横轴线中心的交叉处。有两盏灯时，灯位盒应设在长轴线中心与墙内净距离 1/4 的交叉处。设置几何图形组成的灯位，灯位盒的位置应相互对称。

图 3—2—31 吸顶灯安装

预制空心楼板内配管管路需沿板缝敷设时，要安排好楼板的排列次序，调整好灯位盒处板缝的宽度使安装对称。室内只有一盏灯，灯位盒应尽量设在室内中心的板缝内。当灯位无法设在屋中心时，应设在略偏向窗户一侧的板缝内。如果室内设有两盏（排）灯时，两灯位之间的距离，应尽量等于灯位盒与墙距离的 2 倍。室内有梁时灯位盒距梁侧面的距离，应与距墙的距离相同。楼（屋）面板上，设置三个及以上成排灯位盒时，应沿灯位盒中心处拉通线定灯位，成排的灯位盒应在同一条直线上，允许偏差不应大于 5 mm。

住宅楼厨房灯位盒应设在厨房间的中心处。卫生间吸顶灯灯位盒，应配合给排水、暖通专业，确定适当的位置，在窄面的中心处，灯位盒及配管距预留孔边缘不应小于 200 mm。

（2）大（重）型灯具预埋件设置。在楼（屋）面板上安装大（重）型灯具时，应在楼板层管子敷设的同时，预埋悬挂吊钩。吊钩圆钢的直径不应小于灯具吊挂销钉的直径，且不应小于 6 mm，吊钩应弯成 T 形或 Γ 形，吊钩应由盒中心穿下。

现浇混凝土楼板内预埋吊钩，应将 Γ 形吊钩与混凝土中的钢筋相焊接，如无条件焊接时，应与主筋绑扎固定。

在预制空心板板缝处预埋吊钩，应将 Γ 形吊钩与短钢筋焊接，或者使用 T 形吊钩。吊扇吊钩在板面上与楼板垂直布置，使用 T 形吊钩还可以与板缝内钢筋绑扎或焊接。将圆钢的上端弯成弯钩，挂在混凝土内的钢筋上，如图 3—2—32 所示。

固定大（重）型灯具除了有的需要预埋吊钩外，还有的需要预埋螺栓，在不同结构的楼板上预埋固定灯具螺栓，如图 3—2—33 所示。

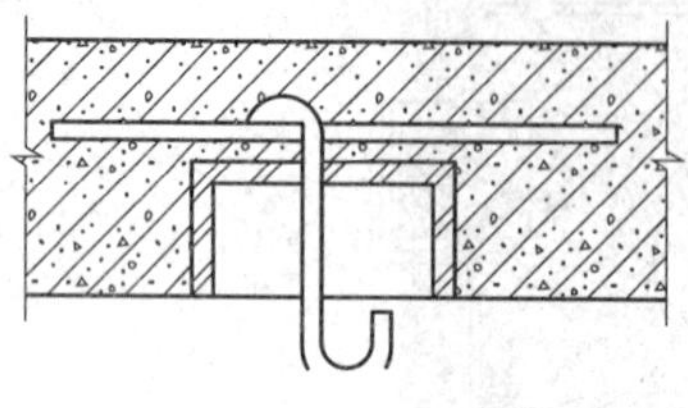

图 3—2—32　吊钩安装

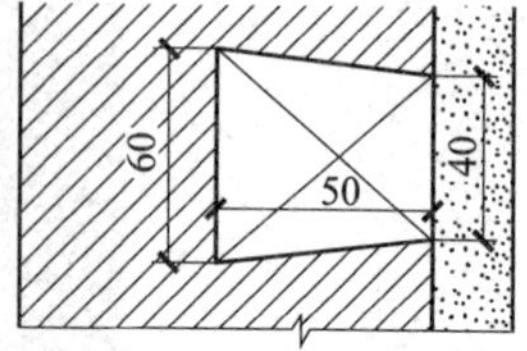

图 3—2—33　螺栓安装

大型花灯吊钩应能承受灯具自重 6 倍的重力，特别是重要的场所和大厅中的花灯吊钩，应做到安全可靠。一般情况下，吊钩圆钢直径最小不宜小于 12 mm，扁钢不宜小于 50 mm × 5 mm。

当壁灯或吸顶灯、灯具本身虽重量不大，但安装面积较大时，有时也需在灯位盒处的砖墙上或混凝土结构上预埋木砖，如图 3—2—34 所示。

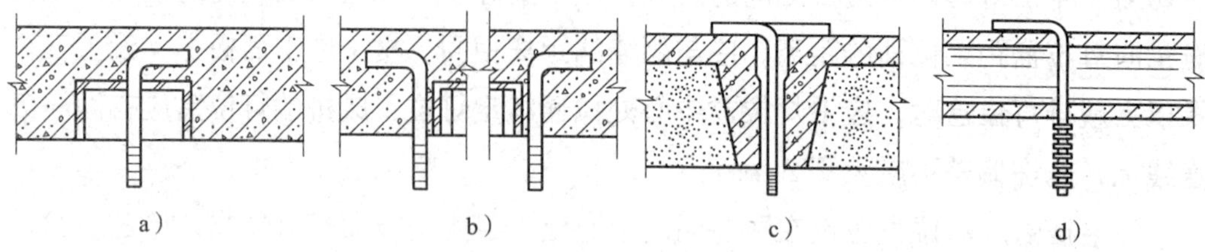

图 3—2—34　大面积灯安装

（3）白炽灯的安装。白炽灯平灯座在灯位盒上安装时，把平灯座与绝缘台先组装在一起，相线（即来自开关控制的电源线）通过绝缘台的穿线孔由平灯座的穿线孔穿出，接到平灯座中心触点的端子上，零线应接在灯座螺口的端子上，应将固定螺钉或铆钉拧紧，余线盘圆放入盒内，把绝缘台固定在灯位盒的缩口盖上。灯头的绝缘外壳不应有破损和漏电。装有白炽灯泡的吸顶灯具，灯泡不应紧贴灯罩；当灯泡与绝缘台间距小于 5 mm 时，灯泡与绝缘台间应采取隔热措施。

在潮湿场所应使用瓷质平灯座，在绝缘台与建筑物墙面或顶棚之间垫橡胶垫防潮，胶垫厚 2 ~ 3 mm，比绝缘台大 5 mm。平灯座明敷在线路上的灯位处，在绝缘台出线口甩出连接灯座的导线，固定好绝缘台，把导线由平灯座的出线孔穿出，固定好灯座再进行平灯座的接线，如图 3—2—35 所示。

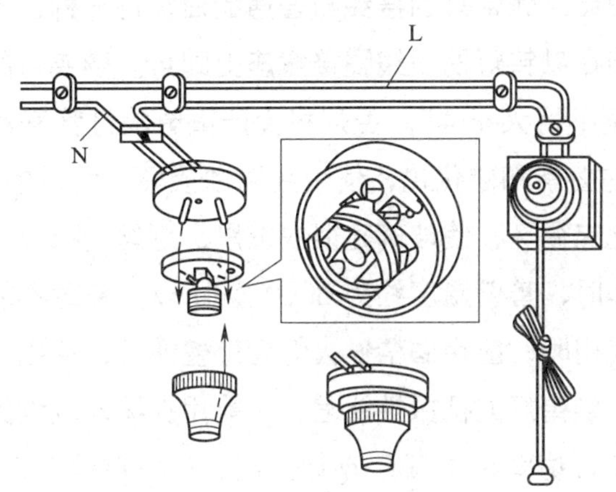

图 3—2—35　螺口平灯座安装

L、N—导线的相序

（4）荧光灯的安装。圆形（也可称环形）吸顶灯可直接到现场安装。成套环形日光灯吸顶安装是直接拧到平灯座上，可按白炽灯平灯座安装的方法安装。方形、矩形荧光吸顶灯，需按国家标准进行安装。

安装时，在进线孔处套上软塑料管保护导线，将电源线引入灯箱内，灯箱紧贴建筑物表面固定后，将电源线压入灯箱的端子板（或瓷接头）上，反光板固定在灯箱上，装好荧光灯管，安装灯罩。

（5）高压汞灯的安装。安装高压汞灯时应注意下列事项：

1）带镇流器的高压汞灯一定要注意使镇流器与灯泡的功率相匹配。否则，灯泡会立即烧坏或使灯泡启动困难。

2）高压汞灯一般垂直安装，因为水平点燃时，光通量输出减少 7%，而且容易自灭。

3）由于高压汞灯的外玻壳温度很高，所以必须配备散热好的灯具，否则会影响灯泡的性能和寿命。

4）当外玻壳因某种原因破碎后，灯虽仍能点燃，但大量的紫外线会烧伤眼睛，所以外壳破碎的高压汞灯应立即换下。

5）安装高压汞灯的线路电压应尽量保持稳定，当电压降低 5% 时，灯泡可能会自灭，而再启动的时间又较长，所以汞灯不宜接在电压波动较大的线路上。当采用高压汞灯作为路灯或高大厂房照明时，应考虑调压措施。

（6）碘钨灯的安装。碘钨灯的接线与普通的白炽灯一样，不需要任何附件，只要将电源引线分别接在碘钨灯的引线瓷接线座上即可。碘钨灯的安装，必须保持水平位置，一般倾斜角不得大于 4°，否则将会严重影响灯管寿命。因为倾斜时，灯管底部将积聚较多的卤素和碘化钨，使引线腐蚀损坏，而灯的上部由于缺少卤素，不能维持正常的碘化钨循环，使玻璃壳很快发黑、灯丝烧断。

碘钨灯正常工作时，管壁温度约为 600℃，所以安装时不能与易燃物接近，且一定要加灯罩。在使用时，应用酒精擦去灯管外壁油污，否则会在高温下形成污点而降低亮度。另外，碘钨灯的抗振性能差，不能用在振动较大的场所，更不宜作为移动光源使用。碘钨灯功率在 1 000 W 以上时，应使用胶盖瓷底刀开关或断路器。碘钨灯安装要求如图 3—2—36 所示。

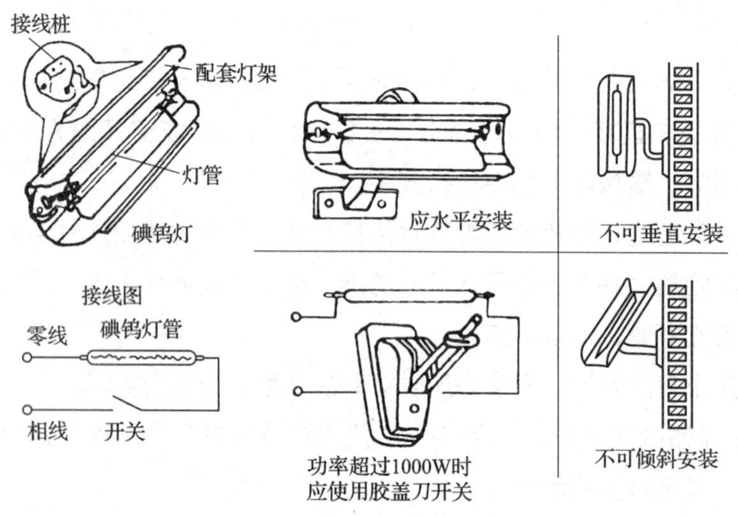

图 3—2—36　碘钨灯安装要求

（7）壁灯安装

1）位置的确定。在室外壁灯安装高度不可低于 2.5 m，室内一般不应低于 2.4 m。住宅壁灯灯具安装高度可以适当降低，但不宜低于 2.2 m，旅馆床头灯不宜低于 1.5 m。成排埋设安装壁灯的灯位盒，应在同一条直线上，高低差不应大于 5 mm。

壁灯若在柱上安装，灯位盒应设在柱中心位置上。在柱或窗间墙上设置时，应防止灯位盒被供暖管遮挡。卫生间壁灯灯位盒应躲开给、排水管及高位水箱的位置。

2）安装。壁灯装在砖墙上时用预埋螺栓或膨胀螺栓固定。壁灯若装在柱上，应将绝缘台固定在预埋柱内的螺栓上，或打眼用膨胀螺栓固定灯具绝缘台。

将灯具导线一线一孔由绝缘台出线孔引出，在灯位盒内与电源线相连接，塞入灯位盒内，把绝缘台对正灯位盒紧贴建筑物表面固定牢固，将灯具底座用木螺钉直接固定在绝缘台上。

安装在室外的壁灯应有泄水孔，绝缘台与墙面之间有防水措施。

（8）应急灯安装。疏散照明采用荧光灯或白炽灯，安全照明采用卤钨灯或瞬时可靠点燃的荧光灯。安全出口标志灯和疏散标志灯应装有玻璃或非燃材料的保护罩，面板亮度均匀度不低于 1：10（最低：最高），保护罩应完整、无裂纹。

疏散照明宜设在安全出口的顶部、疏散走道及其转角处距地 1 m 以下的墙面上，当交叉口处墙面下侧安装难以明确表示疏散方向时，也可将疏散标志灯安装在顶部。标志灯应有指示疏散方向的箭头标志，灯间距不宜大于 20 m（人防工程不宜大于 10 m）。在疏散灯周围不应设置容易混同疏散标志灯的其他标志牌等。当靠近可燃物体时，应采取隔热、散热等防火措施。当采用白炽灯、卤钨灯等光源时，不能直接安装在可燃装修材料或可燃物体上。

楼梯间内的疏散标志灯宜安装在休息平台板上方的墙角处或壁装，并应用箭头及阿拉伯数字清楚标明上、下层层号。疏散标志灯的设置原则如图 3—2—37 所示。

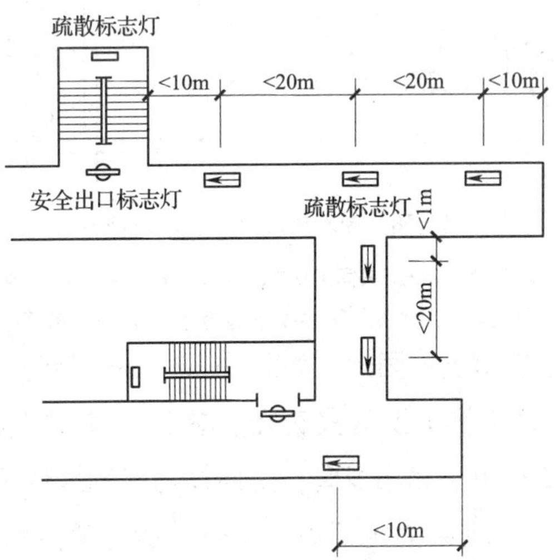

图 3—2—37　疏散标志灯的设置原则

安全出口标志灯宜安装在疏散门口的上方，在首层的疏散楼梯应安装于楼梯口的里侧上方，距地高度宜不低于 2 m。

疏散走道上的安全出口标志灯可明装，而厅室内宜采用暗装。安全出口的标志灯应有图形和文字符号，在有无障碍设计要求时，宜同时设有音响指示信号。可调光型安全出口标志灯宜用于影剧院的观众厅，在正常情况下减光使用，火灾事故时应自动接通至全亮状态。无专人管理的公共场所照明宜装设自动节能开关。

应急照明线路在每个防火分区有独立的应急照明回路，穿越不同防火分区的线路应有防火隔堵措施。其线路应采用耐火电线、电缆，明敷设或在非燃烧体内穿刚性导管暗敷，暗敷保护层厚度不小于 30 mm。电线采取额定电压不低于 750 V 的铜芯绝缘电线。

（9）嵌入式灯具安装。小型嵌入式灯具安装在吊顶的顶板上或吊顶内龙骨上，大型嵌入式灯具应安装在混凝土梁、板中伸出的支撑铁架、铁件上。大面积的嵌入式灯具，一般是预留洞口，如图 3—2—38 所示。

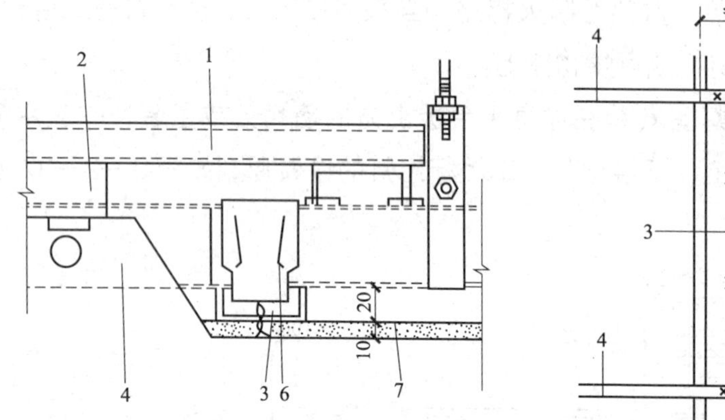

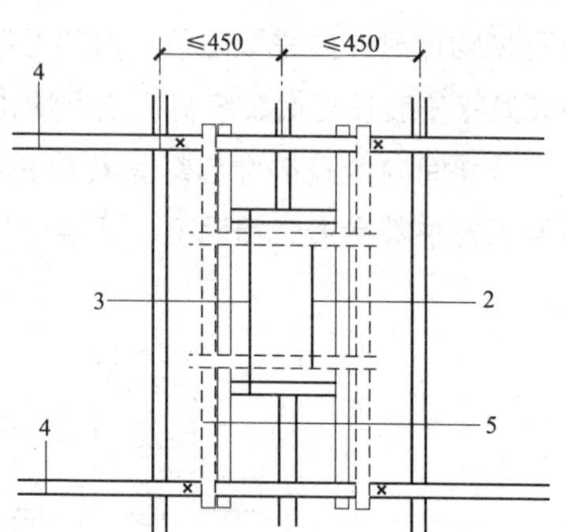

图 3—2—38　嵌入式灯具安装吊顶预留洞口

1—横向附加卧放大龙骨　2—灯具固定横向附加大龙骨　3—中龙骨横撑　4—大龙骨　5—纵向附加大龙骨　6—中龙骨垂直吊挂件　7—吊顶板材

嵌入式灯具与吊顶板材连接固定，如图 3—2—39 所示。

质量超过 3 kg 的大（重）型灯具在楼（屋）面施工时就应把预埋件埋设好，在与灯具上支架相同的位置上另吊龙骨，上面需与和预埋件相连接的吊筋连接，下面与灯具上的支架连接。支架固定好后，将灯具的灯箱用机螺钉固定在支架上连线、组装。

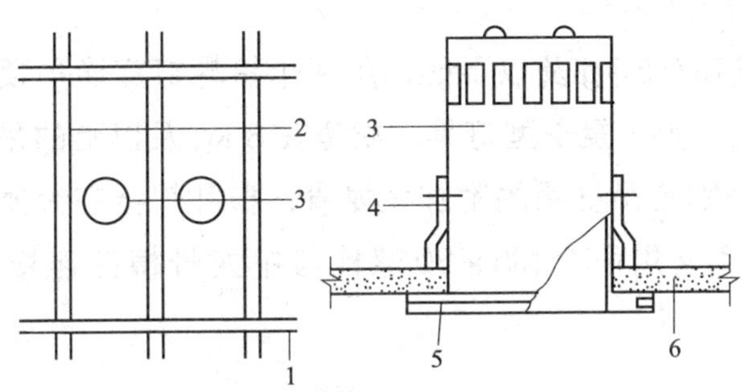

图 3—2—39　嵌入式灯具安装

1—大龙骨　2—中龙骨　3—灯具　4—卡件　5—压边　6—吊顶板材

嵌入顶棚内的灯具，灯罩的边框应压住罩面板或遮盖面板的板缝，并应与顶棚面板贴紧。矩形灯具的边框边缘应与顶棚面的装修直线平行，如灯具对称安装时，其纵横中心轴线应在同一条直线上，偏差不应大于 5 mm。日光灯管组合的开启式灯具，灯管排列应整齐，其金属或塑料的间隔片不应有扭曲等缺陷。

（10）装饰灯具安装

1）光带、光梁和发光顶棚安装。光带、光梁的灯具安装基本上与嵌入式灯具安装相同。布置光带或光梁一般与建筑物外墙平行，外侧的光带、光梁紧靠窗子，并行的光带、光梁的间距应均匀一致。

发光顶棚的照明装置，一是将光源装在散光玻璃或遮光栅格内，如图 3—2—40 所示；二是将照明灯具悬挂在房间的顶棚内，房间的顶棚是装有散光玻璃或遮光格栅的透光面，如图 3—2—41 所示。

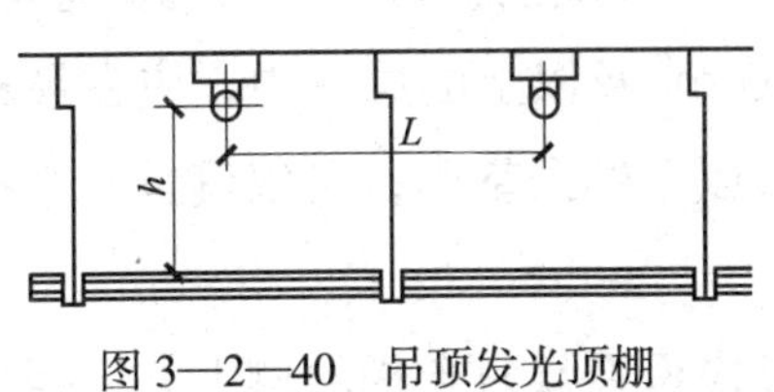

图 3—2—40　吊顶发光顶棚

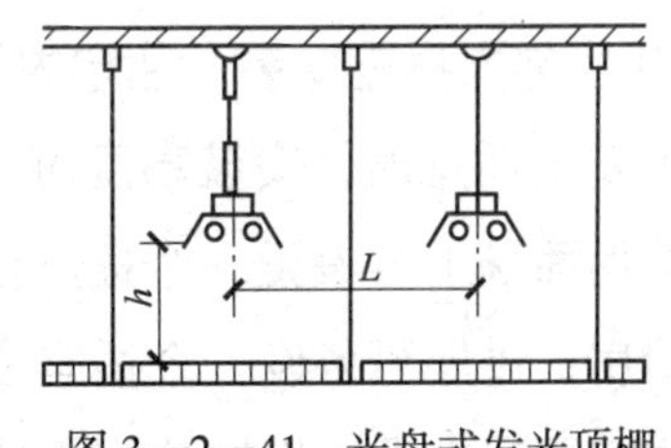

图 3—2—41　光盘式发光顶棚

2）装饰吊顶灯安装。在装饰吊顶内的灯具应按设计要求安装。荧光灯吸顶安装时，在吊顶的中龙骨旁应增加一个附加中龙骨。灯箱用 4 个自攻螺钉与附加中龙骨固定。白炽灯吸顶安装时，在两中龙骨中间的适当位置上增加两个附加中龙骨，在灯位上方附加中龙骨之间应有中龙骨横撑。灯具底座在每个附加中龙骨上用 3 个

自攻螺钉固定。

轻型吊灯质量在0.5 kg及以下时，用两个机螺钉穿通吊顶板材，直接固定在吊顶的中龙骨上。大（重）型灯具、质量在3 kg及以上的吊灯，在吊顶的大龙骨上边增设一个固定吊杆用的附加大龙骨，横卧焊接在大龙骨的上边，灯具的底座与吊杆的底座用两个M5×30螺栓与中龙骨横撑连接，如图3—2—42所示。

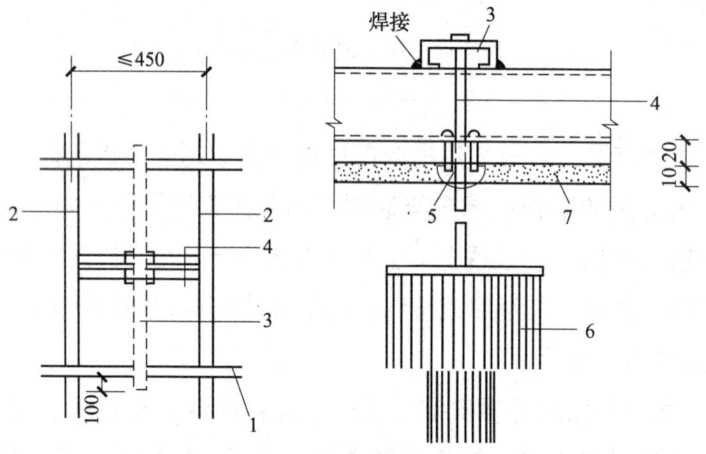

图3—2—42　装饰吊顶灯安装

1—大龙骨　2—中龙骨　3—附加横卧大龙骨　4—中龙骨横撑
5—灯具吊杆底座连接螺栓　6—灯具　7—吊顶板材

（11）插座的安装。插座盒一般应在距室内地坪0.3 m处埋设，特殊场所暗装的高度应不小于0.15 m，且应符合前述规定。

1）住宅内插座安装。住宅内插座盒距地1.8 m及以上时，可采用普通型插座。若使用安全插座时，安装高度可为0.3 m。10 m^2及以上的居室中，应在最易使用插座的两面墙上各设置一个插座位置；10 m^2以下的居室中，可仅设置一个插座位置；厨房、过厅可各设一个插座位置。

住宅厨房内设置供排油烟机使用的插座盒应设在煤气台板的侧上方，距立管边缘600 mm以上。在窗口两侧插座盒应设在与供暖立管相对应的窗口另一侧墙垛上。插座盒不应设在室内墙裙或踢脚板的上口线上，也不应设在室内最上皮瓷砖的上口线上。插座盒不宜设在宽度小于370 mm的墙垛（或混凝土柱）上。墙垛或柱宽度为370 mm时，插座应设在中心处。

2）旅馆客房插座安装。旅馆客房各种插座及床头控制板用接线盒，一般装在墙上，当隔音条件要求高且条件允许时，可安装在地面上。开关的垂直上方或拉线开关的垂直下方，不应设置插座。插座与开关的水平距离不宜小于 250 mm。插座盒不应设在水池、水槽（盆）及散热器的上方，更不能被挡在散热器的背后。

3）暗装插座安装。暗装的插座应采用专用盒，专用盒的四周不应有空隙，且盖板应端正，并紧贴墙面。暗装插座与面板连成一体，接线柱上接好线后，将面板安装在插座盒上。当暗装插座芯与盖板为活装面板式时，应先接好线后，把插座芯安装在安装板上，最后安装插座盖板。

4）明装插座安装。明装插座应安装在绝缘台上，接线完毕后把插座盖固定在插座底上。

5）插座接线。插座接线时应面对插座操作。单相双孔插座在垂直排列时，上孔接相线，下孔接零线；水平排列时，右孔接相线，左孔接零线。插座接线时，单相三孔插座，上孔接保护接地（零）线，右孔接相线，左孔接工作零线。三相四孔插座，保护接地（零）线应在正上方，下孔从左侧起分别接在 L1、L2、L3 相线上。同样用途的三相插座，相序应排列一致。同一场所的三相插座，其接线的相位必须一致。接地（PE）或接零（PEN）线在插座间不串联连接。

6）带开关插座接线。带开关插座接线时，电源相线应与开关的接线柱连接，电源工作零线应与插座的接线柱相连接。带指示灯和开关插座的接线图如图 3—2—43 所示。带熔断器的二孔三孔插座接线图，如图 3—2—44 所示。

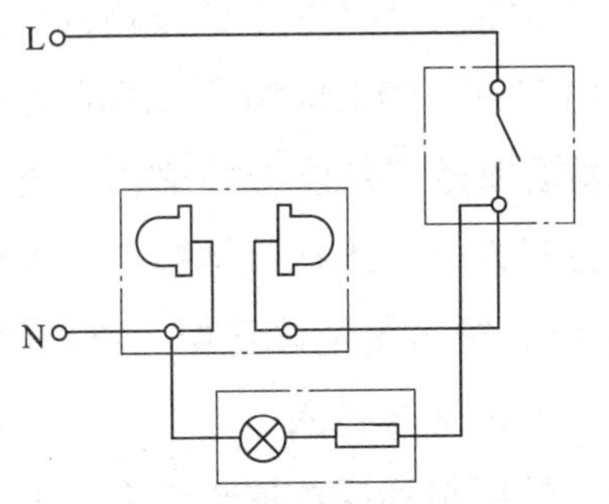

图 3—2—43 带指示灯和开关插座的接线图

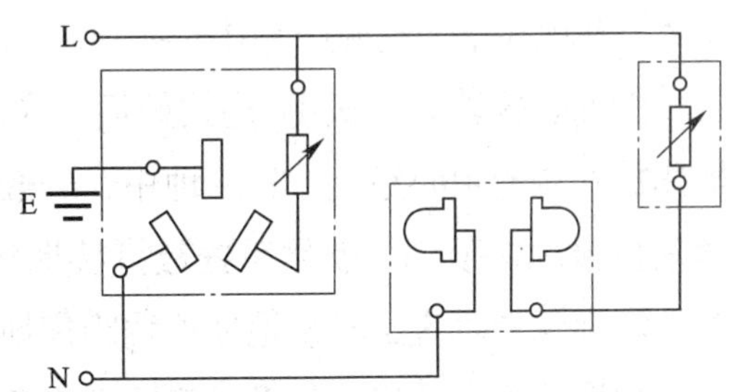

图 3—2—44 带熔断器的二孔三孔插座接线图

7）双联及以上的插座接线。双联及以上的插座接线时，相线、工作零线应分别与插孔接线柱并接或进行不断线整体套接，不应进行串接。插座进行不断线整体

套接时，插孔之间的套接线长度不应小于 150 mm。插座的接地（零）线应采用铜芯导线，其截面积不应小于相线的截面积。

（12）接地安装工艺要求

1）接地体顶面埋设。接地体顶面埋设深度不小于 0.6 m，角钢及钢管接地体件应垂直设置。垂直接地体长度不应小于 2.5 m，其相互之间间距一般不小于 5 m。接地体埋设位置距建筑物不宜小于 1.5 m，遇有垃圾灰渣等地埋设接地体时，应换土并分层夯实。

当接地装置必须埋设在距建筑物出入口或人行道小于 3 m 时，埋深不应小于 1 m，且应采用均压带做法或在接地装置上面敷设 50 ~ 90 mm 厚的沥青或卵石层，其宽度应超过接地装置 2 m。

接地体的连接应采用焊接。焊接处焊缝应饱满并有足够的机械强度，不得有夹渣、咬肉、裂纹、虚焊、气孔等缺陷，焊接处的药皮敲净后，刷沥青做防腐处理。

采用搭接焊时，其焊接长度如下：镀锌扁钢不小于其宽度的 2 倍，且至少 3 个棱边施焊。敷设前需调直，煨弯自然，直线段不应有明显弯曲。镀锌圆钢焊接长度为其直径的 6 倍，并应双面施焊。双面施焊镀锌圆钢与镀锌扁钢连接时，其长度为圆钢直径的 6 倍。镀锌扁钢与镀锌钢管（或角钢）焊接时，为了连接可靠，除应在其接触部位两侧进行焊接外，还应直接将扁钢本身弯成弧形，紧贴 3/4 钢管表面，上下两侧施焊。

所有金属部件应镀锌，操作时注意保护镀锌层。

2）人工接地体（极）安装。根据设计图要求，对接地体（极）的线路进行测量弹线，在此线路上挖掘深为 0.8 ~ 1 m、宽为 0.5 m 的沟，沟上部稍宽，底部渐窄。

①安装接地体（极）。沟挖好后，应立即安装接地体和敷设接地扁钢。先将接地体放在沟的中心线上，打入地中，一般采用手锤打入，一人扶接地体，一人用大锤敲打接地体顶部。使用手锤敲打接地体时要平稳，锤击接地体正中，不得打偏，应与地面保持垂直，当接地体顶端距离地面 600 mm 时停止打入。

②接地体间的扁钢敷设。扁钢敷设前应调直，然后将扁钢放置于沟内，依次将扁钢与接地体用电焊（气焊）焊接。扁钢应侧放而不可平放，侧放时散流电阻较小。扁钢与钢管连接的位置距接地体最高点约 100 mm。焊接时应将扁钢拉直，焊好后清除药皮，刷沥青做防腐处理，并将接地线引出至需要位置，留有足够的连接

长度，以待使用。

③核验接地体（极）。接地体连接完毕后，应及时进行隐检核验，接地体材质、位置、焊接质量等应符合施工规范要求，然后方可进行回填，分层夯实。最后将接地电阻摇测数值填写在隐检记录上。

3）接地干线的安装。接地干线穿过墙壁、模板、地坪处加套管保护，钢套管应与接地线做电气连通；跨越伸缩缝时，应做煨弯补偿。接地干线应设有为测量接地电阻而预制的断接卡子或测试点；用暗盒装入，刷锡，配接好螺栓螺母，并做接地标记。接地干线跨越门口时应暗敷设于地面内。接地干线敷设应平直，水平度及垂直度允许偏差 2 mm/1 000 mm，全长不得超过 10 mm。转角处接地干线弯曲半径不得小于扁钢厚度的 2 倍。

配电室明敷接地干线当沿墙壁水平敷设时，距地面高度 250 ~ 300 mm，距墙体 10 ~ 15 mm，应刷黄色和绿色相间的条纹，每段 15 ~ 100 mm，油漆均匀无遗漏，应有不少于 2 处与接地装置引出干线连接。

明敷接地干线支持件应均匀，水平间距 0.5 ~ 1.5 m，垂直间距 1.5 ~ 3 m，转弯部分 0.3 ~ 0.5 m。

接地干线与接地体连接的扁钢相连接，分为室内与室外连接两种，室外接地干线与支线一般敷设在沟内。室内的接地干线多为明敷设，但部分设备连接的支线必须经过地面也可以埋设在混凝土内。

明敷接地线的安装要求：

①敷设位置不应妨碍设备的拆卸与检修。

②接地线应水平或垂直敷设，也可沿建筑物倾斜结构平行设在直线段上，不应有高低起伏及弯曲情况。

③接地线沿建筑物墙壁水平敷设时，离地面应保持 250 ~ 300 mm 的距离，接地线与建筑物墙壁间隙不小于 10 mm。

④明敷的接地线表面应涂黄、绿相间条纹，每段 15 ~ 100 mm。

⑤接地线引向建筑物内的入口处，一般应标以黑色记号，在检修用临时接地点处应刷白色底漆后标以黑色记号。

⑥当支持件埋设完毕，水泥砂浆凝固后，可敷设墙上的接地线。将接地扁钢沿墙吊起，在支持件一端用卡子将扁钢固定，经过隔墙时穿跨预留孔，接地干线连接

处应焊接牢固。

4）等电位联结安装。建筑物等电位联结、安装应按设计要求实施；用作等电位联结的总干线或总等电位箱应有不少于 2 处与接地装置直接联结；需连接等电位的金属部件、构件与从等电位联结干线或局部等电位箱派出的支线连接，支线连接应可靠，导通应正常。需等电位联结的高级装修金属部件，有专用接地线点，且做出标识，连接附件齐全。

用 25 mm×4 mm 镀锌扁钢或 ϕ 12 mm 镀锌圆钢作为等电位联结的总干线。按设计图样的位置，与接地体直接连接，不得少于 2 处。将总干线引至总接线箱，箱体与总干线应连接为一体，箱中的接线端子排宜为铜排。铜排与镀锌扁钢搭接处，铜排端应刷锡，搭接倍数不小于 $2b$（b 为扁钢宽度）。也可以在总干线镀锌扁钢上直接打孔，作为接线端子，但必须刷锡，螺栓采用 M10。附件齐全，接线箱应有箱盖，并有标示。由等电位总箱引出等电位联结干线，可用扁钢、圆钢或导线穿绝缘导管敷设。等电位联结干线引至局部等电位箱，连接螺栓可用 M8。由局部等电位箱派出的支线，一般采用绝缘导管内穿多股软铜线的做法。结构间预埋箱、盒、管，做好的等电位支线预置于接线盒内，待金属器具安装完毕后，将支线与专用等电位接点接好。

四、质量验收及检验

质量验收及检验参照《建筑装饰装修工程质量验收规范》（GB 50210—2011）、《住宅室内装饰装修工程质量验收规范》（JGJ/T 304—2013），以及有关室内电气工程质量验收规定执行。

思考与练习

1. 普通灯具安装的规范要求有哪些?
2. 吊灯安装有哪些工艺方法？
3. 吸顶灯安装有哪些工艺方法？顶棚采用吊顶时，不同灯具安装有什么特殊要求？
4. 荧光灯安装有哪些工艺方法？
5. 高压水银灯应该如何安装？有些什么注意事项？
6. 碘钨灯应该如何安装？有些什么注意事项？
7. 照明配电箱的安装要求是什么？

第三节　常用建筑装饰电气（弱电）设备安装

弱电主要有两类，一类是国家规定的安全电压等级及控制电压等低电压电能，有交流与直流之分，交流 36 V 以下，直流 24 V 以下，如 24 V 直流控制电源，或应急照明灯备用电源。另一类是载有语音、图像、数据等信息的信息源，如电话、电视、计算机的信息。人们习惯把弱电方面的技术称为弱电技术。弱电系统工程指第二类应用。主要包括：

1. 电视信号工程，如电视监控系统、有线电视。
2. 通信工程，如电话。
3. 智能消防工程。
4. 扩声与音响工程，如小区中的背景音乐广播、建筑物中的背景音乐。
5. 综合布线工程，主要用于计算机网络。随着计算机技术的飞速发展，软硬件功能的迅速强大，各种弱电系统工程和计算机技术的完美结合，使以往的各种分类不再像以前那么清晰。各类工程的相互融合，就是系统集成。

一、常用弱电系统

弱电系统一般是指直流电路或音频 / 视频线路、网络线路、电话线路，直流电压一般在 32 V 以内。家用电器中的电话、计算机、电视机的信号输入（有线电视线路），以及音响设备（输出端线路）等用电器均为弱电系统。

1. 电话系统

电话交换机是一种特殊用途的用户交换机。它有若干电话机共用外线，适用于机关、团体、中小企业等单位，也可以用于住宅和秘书电话。 集团电话交换机不需要专职的话务员和维护人员，每部都可以通过指示灯了解整个系统的工作情况。当外线呼入时，可由任意一部话机应答，并可以转给所需的被叫话机。任何一部话机要呼叫外线时，只要按下代表空闲外线的相应键，即可拨号呼叫外线。

电话系统具有可编分机号码和服务等级、会议电话、缩位拨号、热线服务、群呼、广播、遇忙回呼、呼叫转移、呼出限制、呼叫等待、内线保密、外线保密、停电自动转移等各种功能。

电话系统主要由电话交换机、可编程功能话机、计算机话务员及相应的辅材

（面板、模块、配线架、机柜、电话水晶头、PVC 管槽及线缆等）组成。

2. 网络系统

计算机网络，是指将地理位置不同的具有独立功能的多台计算机及其外部设备，通过通信线路连接起来，在网络操作系统、网络管理软件及网络通信协议的管理和协调下，实现资源共享和信息传递的计算机系统。

网络系统也是现代化办公不可或缺的数据设备。此套系统的安装，实现了内部终端对远端预约主机、对外预约资源的实时控制，满足了对内和对外的需要，同时也更好地为工作人员的办公提供了方便。

3. 监控系统（图 3—3—1、图 3—3—2）

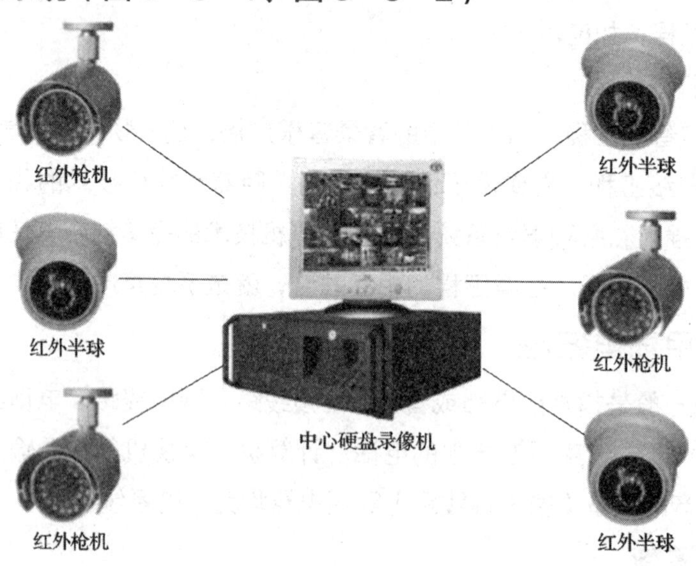

图 3—3—1　监控系统示意图 1

前端采集系统：摄像机、镜头、云台、智能球形摄像机。

视频传输系统：线缆传输、光纤传输、同轴电缆传输、网线传输、无线传输。

终端显示系统：管理所有网络监控系统，如硬盘录像系统、视频矩阵、画面处理器、切换器、分配器。

远程拓展系统：IP 监控、远程监控、网络监控、视频会议等技术交流监控。

监控系统不单纯指闭路电视监控系统，但传统意义上说的监控系统由前端摄像机（包括半球摄像机、红外摄像机、一体机等）、中端设备（光端机、网络视频服务器等）和后端设备主机（硬盘录像机、视频矩阵等）组成。

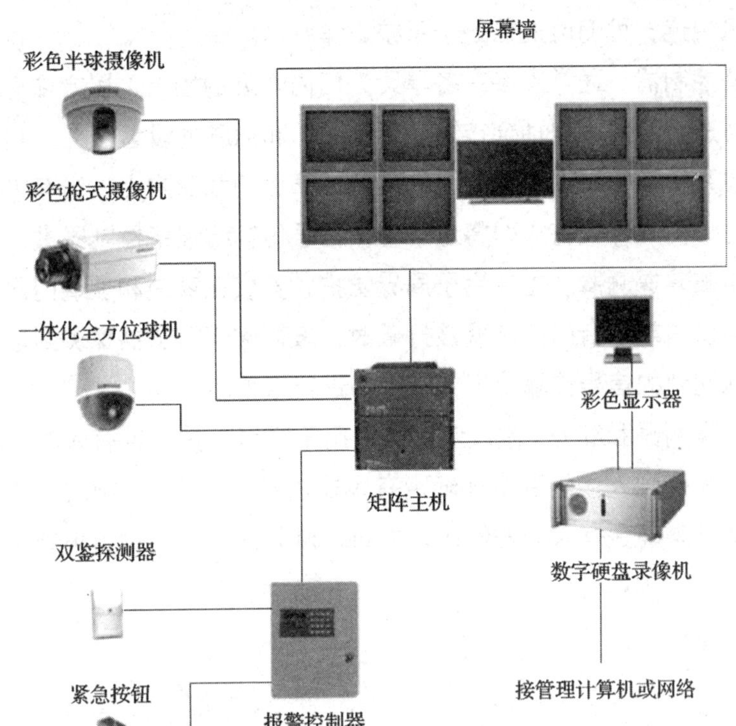

图 3—3—2　监控系统示意图 2

典型的闭路监控系统主要由摄像机部分、传输部分、控制与记录部分以及显示部分四大块组成。

4. 安防报警系统（图 3—3—3）

安防报警系统通常由前端探测设备（包括探测器和紧急报警装置）、传输设备、处理 / 控制 / 管理设备和显示 / 记录设备四部分构成。

前端探测部分由各种探测器组成，是入侵报警系统的触觉部分，相当于人的眼睛、鼻子、耳朵、皮肤等，感知现场的温度、湿度、气味、能量等各种物理量的变化。

监控中心负责接收、处理各子系统发来的报警信息、状态信息等，并将处理后的报警信息、监控指令分别发往报警接收中心和相关子系统。

安防报警系统主要设备包括：

（1）集中报警控制器。通常设置在安全保卫值勤人员工作的地方，保安人员可以通过该设备对保安区域内各位置的报警控制器的工作情况进行集中监视。通常该

设备与计算机相连，可随时监控各子系统工作状态。

（2）报警控制器。通常安装在各单元大门内附近的墙上，以方便有控制权的人在出入单元时进行设防（包括全布防和半布防）和撤防的设置。

（3）门磁开关。安装在重要单元的大门、阳台门和窗户上。当有人破坏单元的大门或窗户时，门磁开关将立即将这些动作信号传输给报警控制器进行报警。

（4）玻璃破碎探测器。主要用于周界防护，安装在窗户和玻璃门附近的墙上或天花板上。当窗户或阳台门的玻璃被打破时，玻璃破碎探测器探测到玻璃破碎的声音后立即将探测到的信号传输给报警控制器进行报警。

（5）红外探测器和红外 / 微波双鉴器。用于区域防护，当有人非法侵入后，红外探测器通过探测到人体的温度来确定有人非法侵入，红外 / 微波双鉴器探测到人体的温度和移动来确定有人非法侵入，并将探测到的信号传输给报警控制器进行报警。

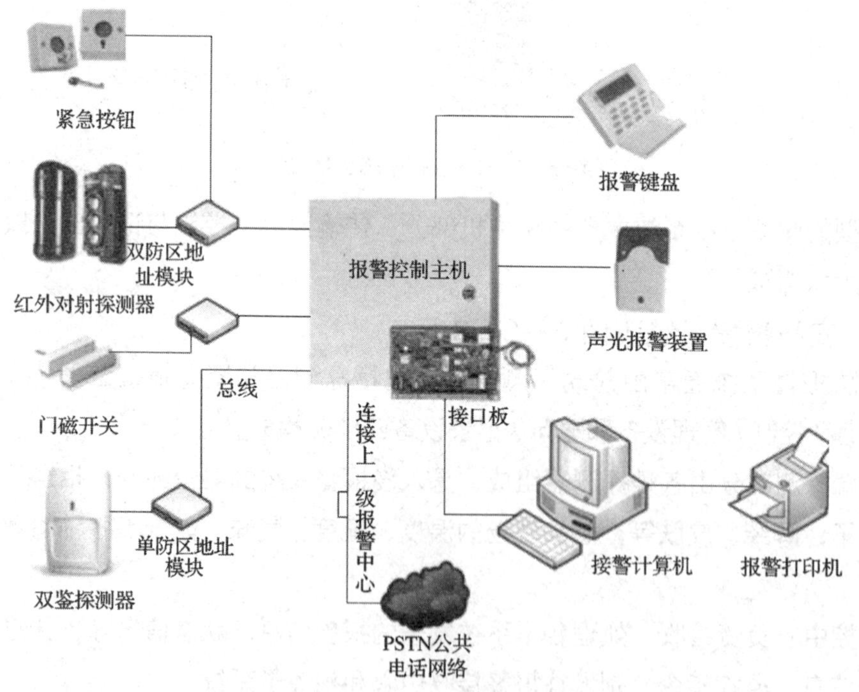

图 3—3—3　安防报警系统示意图

5. 消防系统（图 3—3—4）

消防系统又称火灾报警系统、消防自动报警系统，由火灾报警主机、火灾特征

或火灾早期特征传感器、人工火灾报警设备、输出控制设备组成。

传感器完成对火灾特征或火灾早期特征的探测，并将相关信号传送到火灾报警主机。

火灾报警主机完成对信号的显示、记录并完成相应的输出控制。

火灾自动报警系统是人们为了早期发现通报火灾，并及时采取有效措施，控制和扑灭火灾，而设置在建筑物中或其他场所的一种自动消防设施，是人们同火灾做斗争的有力工具。

火灾自动报警系统是由触发器件、火灾报警装置，以及具有其他辅助功能的装置组成的火灾报警系统。它能够在火灾初期，将燃烧产生的烟雾、热量和光辐射等物理量，通过感温、感烟和感光等火灾探测器变成电信号，传输到火灾报警控制器，并同时显示出火灾发生的部位，记录火灾发生的时间。一般火灾自动报警系统和自动喷水灭火系统、室内消火栓系统、防排烟系统、通风系统、空调系统、防火门、防火卷帘、挡烟垂壁等相关设备联动，自动或手动发出指令启动相应的装置。

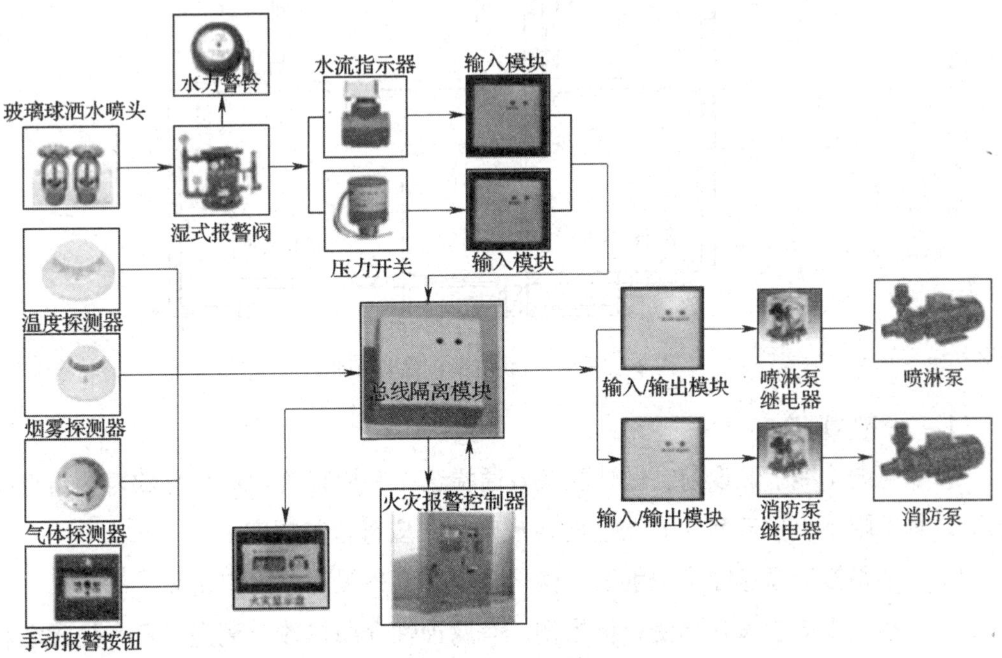

图 3—3—4 消防系统

6. 电缆电视和卫星电视接收系统

电缆电视系统又称 CATV 系统。CATV 系统一般均用同轴电缆或光缆来传输信号。同轴电缆具有很好的屏蔽性能，光缆传输的是光波信号，更具有极强的抗电磁干扰的能力。双向 CATV 系统可实现数据传输、互动电视与电话等功能，使其成为全社会综合信息网的组成部分。

二、弱电系统线路敷设工艺

线路敷设前应该先识读线路设计的平面图（图3—3—5、图3—3—6、图3—3—7），大致了解线路的走线要求后进行敷设，线路敷设的工艺要求如下。

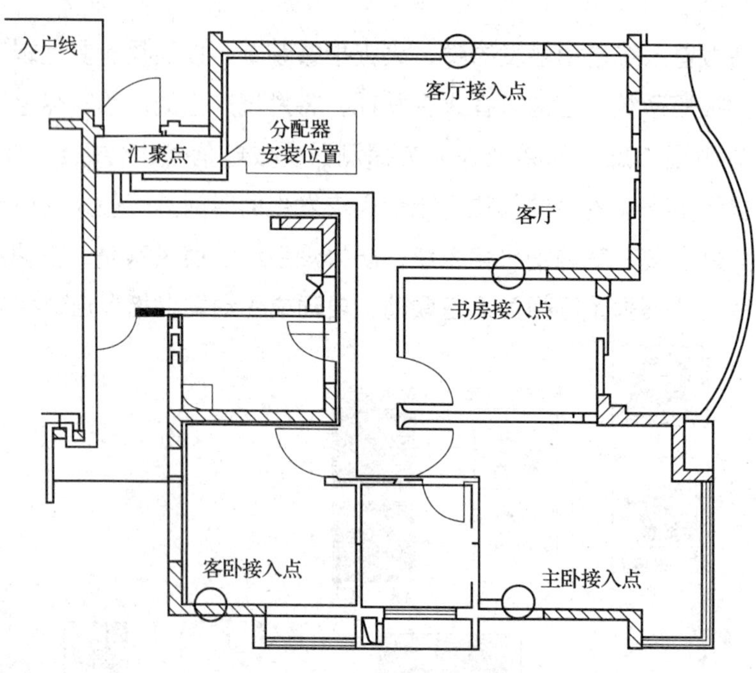

图 3—3—5　有线电视布置平面图

1. 一般规定

（1）电缆（线）敷设前，做外观及导通检查，并用直流 500 V 兆欧表测量绝缘电阻，其电阻不小于 5 MΩ；当有特殊规定时，应符合其规定。

（2）线路按最短途径集中敷设，横平竖直、整齐美观、不宜交叉。

（3）线路不应敷设在易受机械损伤、有腐蚀性介质排放、潮湿以及有强磁场和强静电场干扰的区域，必要时采取相应保护或屏蔽措施。

（4）当线路周围温度超过 65℃时，采取隔热措施；位处有可能引起火灾的火源场所时，加防火措施。

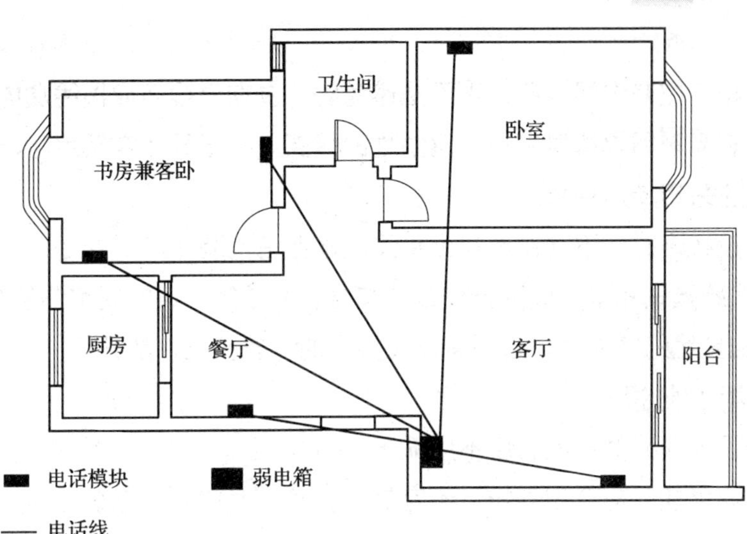

图 3—3—6　电话布线平面图

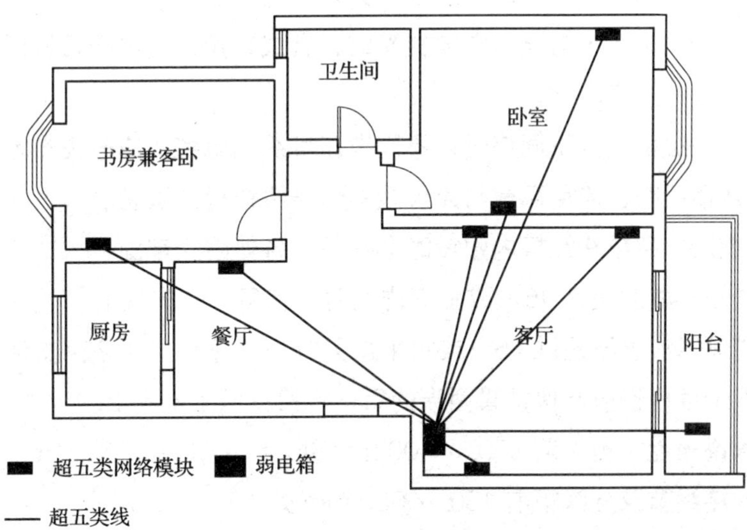

图 3—3—7　宽带网络布线平面图

（5）线路不宜平行敷设在高温工艺设备、管道的上方和具有腐蚀性液体介质的工艺设备、管道的下方。

（6）线路与绝热的工艺设备，管道绝热层表面之间的距离应大于 200 mm，与其他工艺设备、管道表面之间的距离应大于 150 mm。

（7）线路的终端接线处以及经过建筑物的伸缩缝和沉降缝处，应留有适当的

余度。

（8）线路不应有中间接头，当无法避免时，应在分线箱或接线盒内接线，接头宜采用压接；当采用焊接时应用无腐蚀性的焊药。补偿导线宜采用压接。同轴电缆及高频电缆应采用专用接头。

（9）敷设线路时，不宜在混凝土土梁、柱上凿安装孔。

（10）线路敷设完毕，应进行校线及编号，并按第一条的规定测量绝缘电阻。

（11）测量线路绝缘时，必须将已连接上的设备及元件断开。

2. 电缆的敷设

（1）敷设电缆时的环境温度不应低于 -7℃。

（2）敷设电缆时应合理安排，不宜交叉；敷设时应防止电缆之间及电缆与其他坚硬物体之间的摩擦；固定时，松紧应适度。

（3）多芯电缆的弯曲半径，不应小于其外径的 6 倍。

（4）信号电缆（线）与电力电缆交叉时，宜成直角；当平行敷设时，其相互间的距离应符合设计规定。

（5）在同一线槽内的不同信号、不同电压等级的电缆，应分类布置；对于交流电源线路和连锁线路，应用隔板与无屏蔽的信号线路隔开敷设。

（6）电缆沿支架或在线槽内敷设时应在下列各处固定牢固：

1）电缆倾斜坡度超过 45° 或垂直排列时，在每一个支架上。

2）电缆倾斜坡度不超过 45° 或水平排列时，在每隔 1 ~ 2 个支架上。

3）补偿余度两侧以及保护管两端的第一、第二两个支架上。

4）引入仪表盘（箱）前 300 ~ 400 mm 处。

5）引入接线盒及分线箱前 150 ~ 300 mm 处。

（7）线槽垂直分层安装时，电缆应按下列规定顺序从上至下排列：仪表信号线路、安全连锁线路、交流和直流供电线路。

（8）明敷设的信号线路与具有强磁场和强电场的电气设备之间的净距离，宜大于 1.5 m；当采用屏蔽电缆或穿金属保护管以及在线槽内敷设时，宜大于 0.8 m。

（9）电缆在沟道内敷设时，应敷设在支架上或线槽内。当电缆进入建筑物后，电缆沟道与建筑物间应隔离密封。

3. 其他要求

（1）电线穿管前应清扫保护管，穿管时不应损伤导线。

（2）信号线路、供电线路、连锁线路以及有特殊要求的仪表信号线路，应分别采用各自的保护管。

（3）仪表盘（箱）内端子板两端的线路，均应按施工图样编号。

（4）每一个接线端子上最多允许接两根芯线。

（5）导线与接线端子板、仪表、电气设备等连接时，应留有适当余度。

4. 线路布线、配线方法

（1）电话、计算机通信网络布线、配线

1）工程施工前，土建工程应具备下列条件：对施工有影响的模板、脚手架应拆除，杂物清除干净；会使线路发生损坏或严重污染的装饰工作，应全部结束；预埋线管和线槽架均安装完毕，位置和尺寸应符合施工图设计要求。

2）配线工程的一般规定。敷设的导线应便于检查、更换。配线工程使用的导线，其最小线芯截面积应大于或等于0.5 mm^2（5类双绞线除外）。导线连接时应注意，剖开导线的绝缘层时，不损伤线芯。多股铜芯绒线芯应先拧紧，烫锡后再连接。接线盒内绝缘导线接头处，应采用绝缘胶带包缠均匀、严密，并不低于原有的绝缘强度。从室外引入到室内的导线，在进入墙内的一段应采用绝缘导线，穿墙保护管的外侧应有防水措施，施工之前应将线槽内的积水和杂物清除干净。系统的配线原则上可以采用同槽分隔方式敷设，但电压大于55 V的辅助供电回路应另管另槽敷设，特别是电视信号线、广播线和动力线相互之间应有良好的屏蔽和相互隔离度，以防止信号串扰和电磁干扰。管线槽内导线的总截面积（包括外护层）不应超过管线槽截面积的60%。敷设于垂直或水平管线槽中的导线每超过5 m长度时，应在管线槽内或接线盒中加以固定，导线穿入管线槽后，在导线穿出口处直至电气设备接线端应装软护线套以保护导线防止外力的损坏。

（2）有线电视线路布线、配线

1）选择导线。根据设计图样（图3—3—8）要求，正确选择电缆规格、型号及数量。

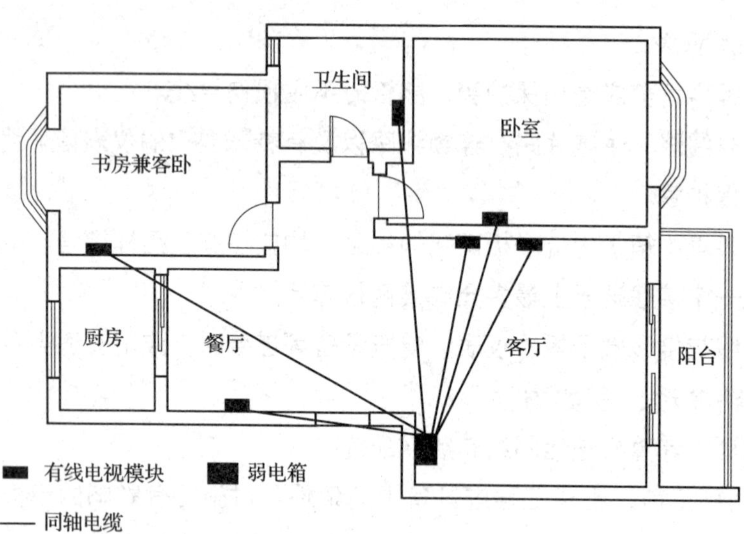

图 3—3—8　有线电视布线图

2）穿带线

①带线用 ϕ1.2 ~ ϕ2.0 mm 的铁丝，头部弯成不封口的圆圈，以防止在管内遇到管接头时被卡住，将带线穿入管路内，在管路的两端留有 20 cm 的余量。

②如在管路较长或转弯时，可在结构施工敷设管路的同时将带线一并穿好并留有 20 cm 的余量后，将两端的带线盘入盒内或缠绕在管头上固定好，防止被其他人员随便拉出。

③当穿带线受阻时，采用两端同时穿带线的办法，将两根带线的头部弯成半圆的形状，两根带线同时搅动，使两端头相互钩绞在一起，然后将带线拉出。

3）扫管。将布条的两端牢固地绑扎在带线上，两人来回拉动带线，将管内的浮锈、灰尘、泥水等杂物清除干净。

4）带护口。按管口大小选择护口，在管子清扫后，将护口套入管口上。在钢管（电线管）穿线前，检查各个管口的护口是否齐全，如有遗漏或破损均应补齐和更换。

5）放线及断线

①放线前应根据图样对导线的品种、规格、质量进行核对。

②放线。对整盘线缆放线时，将线缆置于放线架或放线车上，放线时避免出现死扣和背花。

③断线。剪断线缆时，盒内线缆的预留长度为 15 cm，箱内线缆的预留长度为箱体周长的 1/2，出户线缆的预留长度为 1.5 m。

6）线缆与带线的绑扎

①可将线缆前端的绝缘层剥去，然后将线芯直接与带线绑回头压实绑扎牢固，使绑扎处形成一个平滑的锥体过渡部位。

②当线缆根数较多或线缆截面较大时，可将线缆前端的绝缘层削去，然后将线芯斜错排列在带线上，用绑线缠绕绑扎牢固，使绑扎接头处形成一个平滑的锥体过渡部位，便于穿线。

7）管内穿线

①当管路较长或转弯较多时，要在穿线的同时向管内吹入适量的滑石粉。

②两人穿线时，一拉一送，配合协调。

③穿线时应注意下列问题：线缆在管内不得有接头和扭结，其接头应在接线盒内连接；管内线缆包括绝缘层在内的总截面积不应大于管子内空截面积的 40%；线缆穿入钢管时，管口处应装设保护线缆；在不进入接线盒（箱）的垂直管口，穿入线缆后应将管口密封；不得与电力电缆共管孔敷设；敷设于垂直管线中的线缆，当超过下列长度时应在管口处和接线盒中加以固定：

a. 截面积为 50 mm^2 及以下的线缆为 30 m。

b. 截面积为 70 ~ 95 mm^2 的线缆为 20 m。

c. 截面积在 180 ~ 240 mm^2 之间的线缆为 18 m。

④线缆变形缝处，补偿装置应活动自如，线缆应留有一定的余度。

5. 插座安装

（1）有线电视插座安装

1）在空白面板上做好标记并在标好的位置上打孔，整理孔边毛刺（图 3—3—9）。

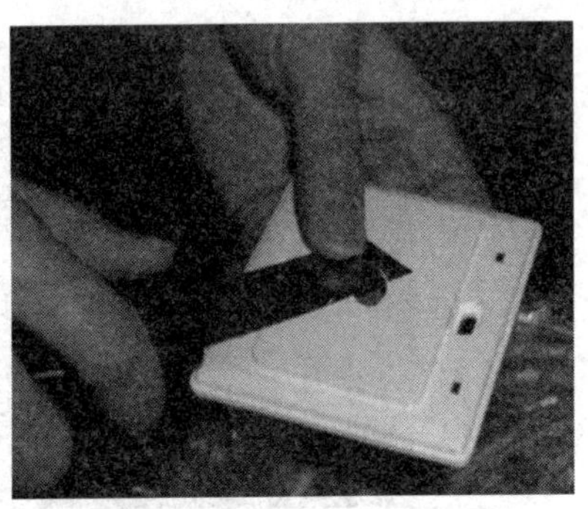

图 3—3—9　整理孔边毛刺

2）把高频头用螺帽和垫圈固定在打好洞的空白面板上（见图 3—3—10）。

图 3—3—10　固定好的面板正反面

3）把底盒里的有线电视线留 20 cm 左右后剪短，然后在线头上取 2 cm 剥皮（图 3—3—11）。

图 3—3—11　有线电视线剥皮

4）把外面的屏蔽层倒翻，穿上配好的铁圈（图 3—3—12）。把露出来的一段白色绝缘层剥掉，露出中间的铜芯。

5）把 F 头插进屏蔽层和白色绝缘层中间，再把铁圈夹紧固定住 F 头（图 3—3—13）。

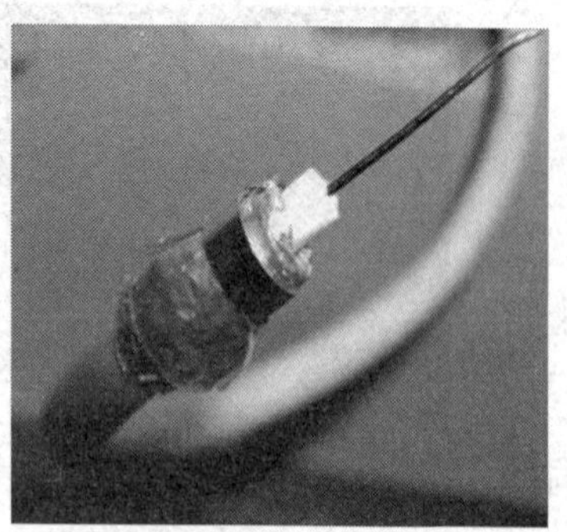

图 3—3—12　穿铁圈

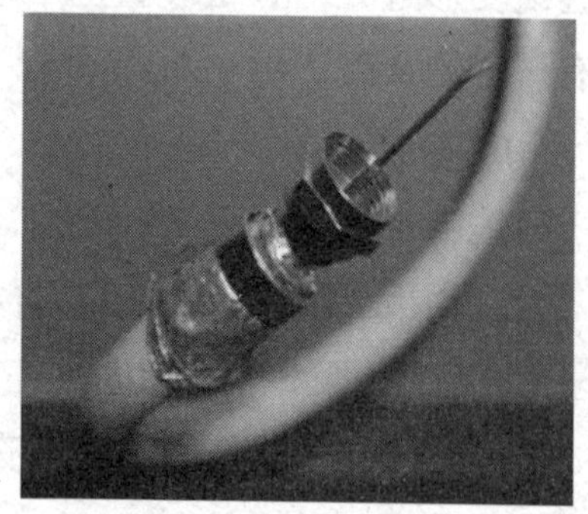

图 3—3—13　固定 F 头

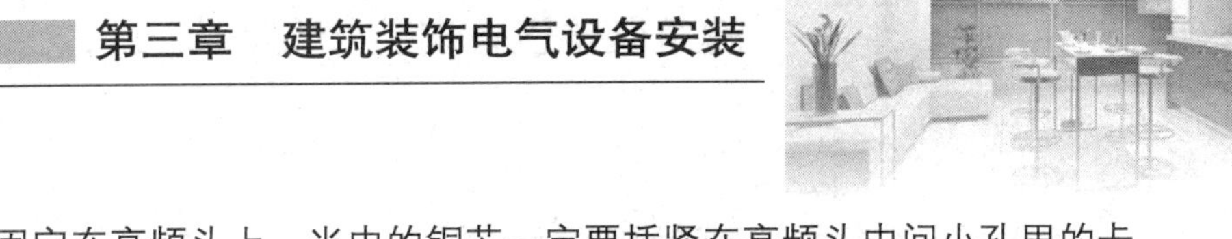

6）把 F 头固定在高频头上，当中的铜芯一定要插紧在高频头中间小孔里的卡刀上（图 3—3—14）。

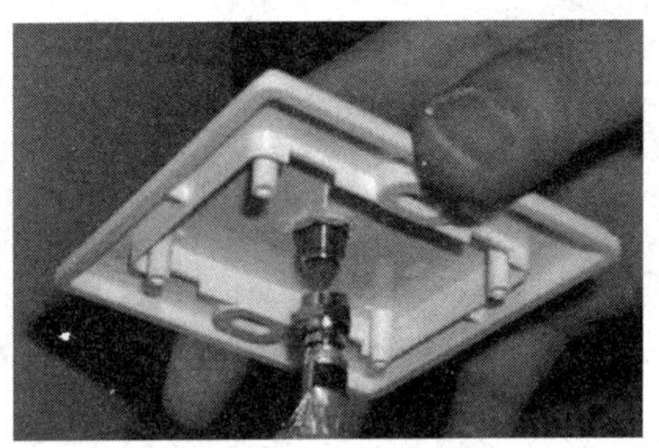

图 3—3—14　F 头固定在高频头上

7）最后用螺钉固定面板（图 3—3—15）。

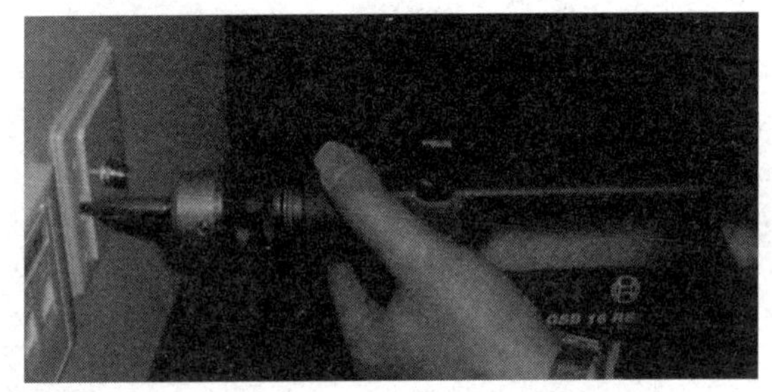

图 3—3—15　固定有线电视插座面板

（2）电话插座（图 3—3—16）安装

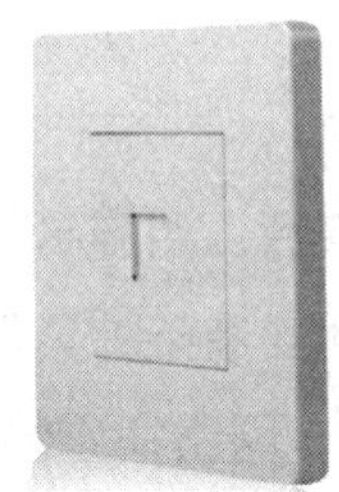

图 3—3—16　电话插座

1）用一字旋具撬开盖板和面板（图 3—3—17）。

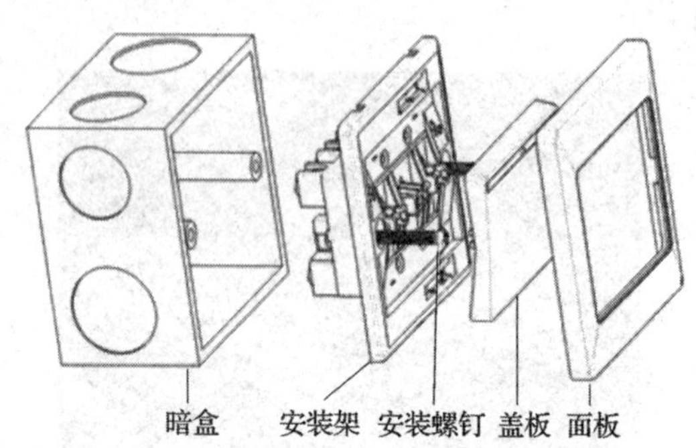

图 3—3—17　安装示意图

2）将线头插入后座接线孔内，插入方法如图 3—3—18 所示。

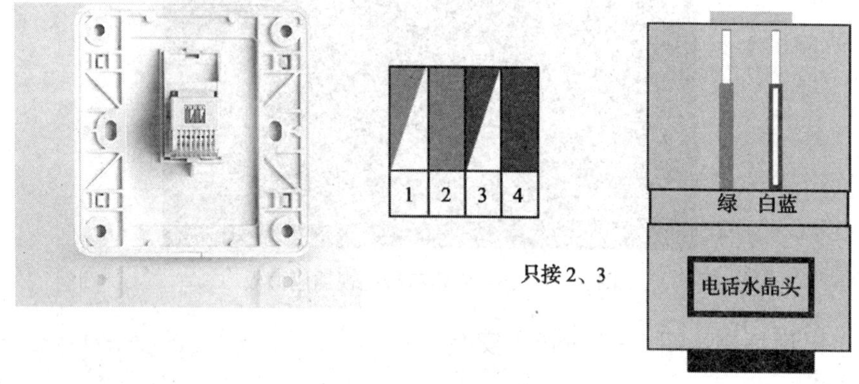

图 3—3—18　电话线插线示意图

3）确定线头插到底后，用旋具拧紧压线螺钉。

4）用螺钉把暗盒和安装架拧紧后，盖上盖板和面板（图 3—3—17）。

（3）网络插座安装。网络插座的安装方法和上述两种插座安装方法不同的就是在插线方法上，下面介绍现阶段常用的网络插座的接线方法。

在 EIA/TIA 的布线标准中规定了两种双绞线的线序 568 A 与 568 B，其中 A 的接法是绿白、绿、橙白、蓝、蓝白、橙、棕白、棕。B 的接法是橙白、橙、绿白、蓝、蓝白、绿、棕白、棕。

1）网线模块（图 3—3—19）就是装在网络插座后面的模块 ，左右两面，上面 A、B 表示的是两种不同的打线方式，任选一种即可。

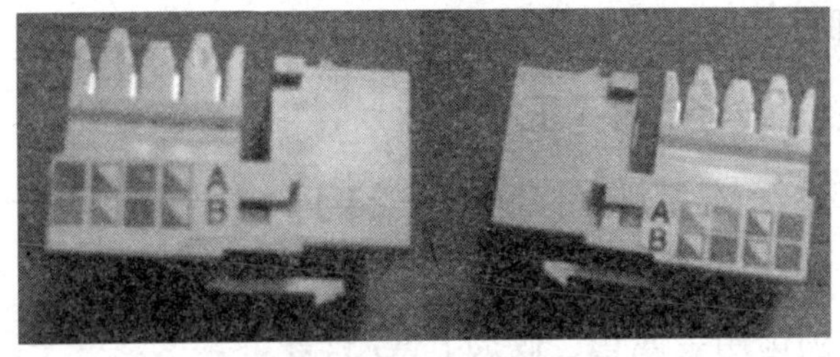

图 3—3—19　网线模块

2）打线，先把网线的外皮剥掉，露出四组双绞线（图 3—3—20）。

3）将线分成左右两组，按照 A 或者 B 的方式把相应颜色的线卡在模块相应的位置（图 3—3—21）。

图 3—3—20　剥掉网线外皮

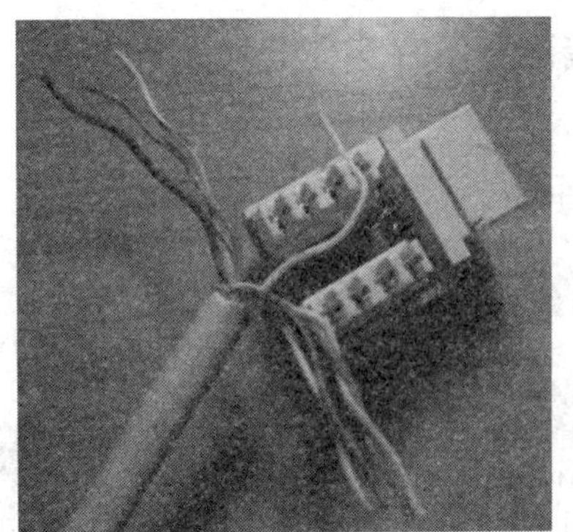

图 3—3—21　将线卡入模块

4）用工具压住模块和线，用力压下去，将线卡在模块里面，并把多余的线头剪掉（图 3—3—22）。

5）将其他的线都按照一样的方式打好（图 3—3—23）。

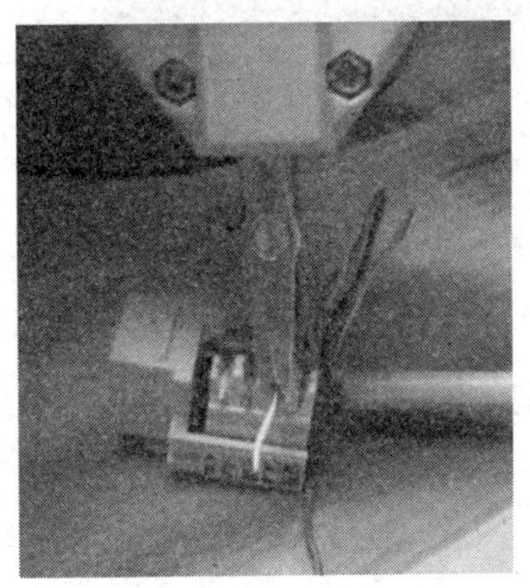

图 3—3—22　剪断线头

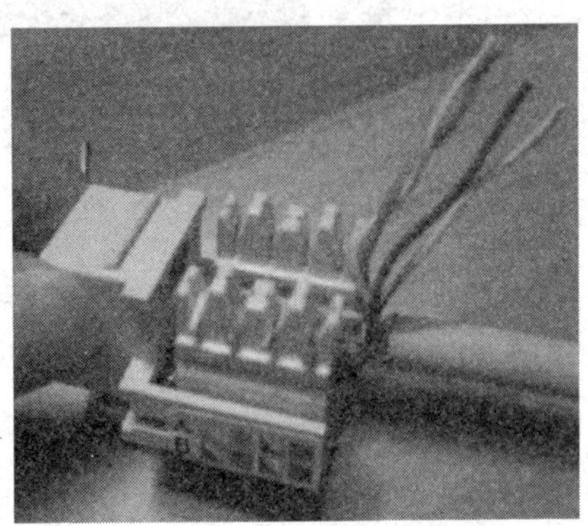

图 3—3—23　打线

6）所有的线都打好后就可以将模块装到面板上安装。

三、弱电系统设备安装工艺

1．安全防范系统安装（图 3—3—24）

（1）配管要求

1）暗配管管材须选用金属管、硬质 PVC 管等。

2）暗配管管路宜沿最短的路径敷设，尽量减少弯曲。在相邻拉线盒之间，禁止 S 弯或 U 形弯。埋入墙体或混凝土构件内的暗配管，其表面保护层不应小于 15 mm。

3）所有管路接头、管口、进出箱盒处，均应做密封处理，以防混凝土、砂石进入暗配管内。

4）暗配管不宜穿越电气设备基础，必须穿越时，应加穿金属保护管并就近良好接地。

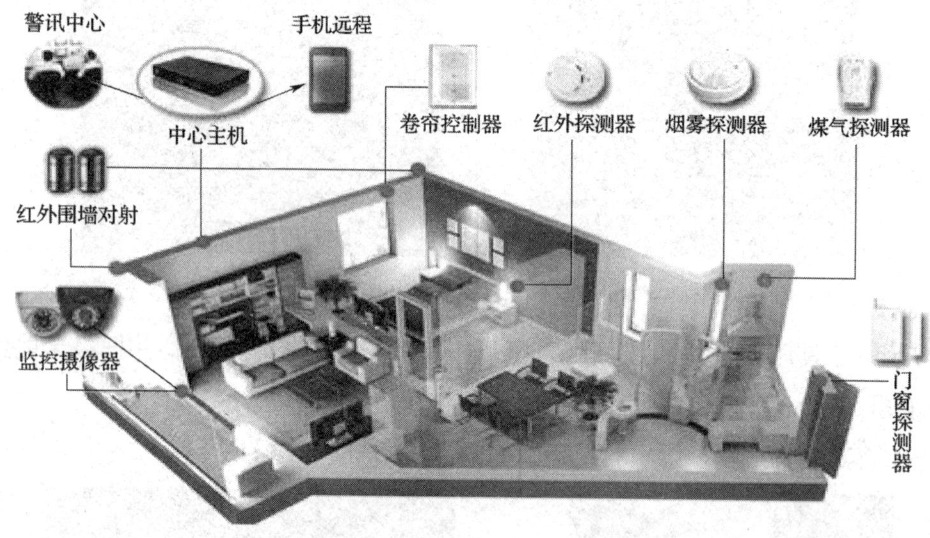

图 3—3—24　安防系统安装示意图

5）PVC 管，宜捆扎稳固。

6）PVC 管明配安装时每 6 m 长直线段做一个补偿接头。

7）当管道长度大于 30 m 或拐弯处多于 2 处时，应加装拉线盒。

8）保证管道平滑无毛刺。

（2）布线要求

1）家庭安全防范系统建筑物内垂直干线应采取金属管、封闭式金属线槽等保

护方式进行布线。与裸放的电力电缆的最小净距 800 mm；与放在有接地的金属线槽或钢管中的电力电缆最小净距 150 mm。

2）水平子系统应穿钢管埋于墙内，禁止与电力电缆穿同一管内。

3）吊顶内施工时，线缆禁止暴露在外，须穿于 PVC 管或蛇皮软管内；安装设备处须放过线盒，PVC 管或蛇皮软管进过线盒。

4）弱电线路的电缆竖井应与强电线路的电缆竖井分别设置。如受条件限制必须合用同一竖井时，应分别布置在竖井的两侧。

5）穿管绝缘导线或电缆的总截面积不应超过管内截面积的 40%。

6）敷设于封闭线槽内的绝缘导线或电缆的总截面积不应大于线槽净截面积的 50%。

（3）设备安装要求

1）在宽度小于 3 m 的内走道顶棚上设置感烟、感温探测器时，应居中安装，距离不应超过 15 m，探测器至墙端的距离不应大于探测器安装间距的 1/2。

2）可燃气体探测器距离气源不应大于 1.5 m。

3）紧急按钮周围 0.5 m 内不应有遮挡物。

4）感烟探测器至空调送风口边缘的水平距离不应小于 1.5 m。

5）当房屋顶部有热屏障时，感烟探测器下表面至顶棚（屋顶）的距离见表 3—3—1。

6）锯齿形屋顶和坡度大于 15° 的人字形屋顶应在每个屋脊处设置一排探测器。感烟探测器下表面主顶棚（屋顶）的距离见表 3—3—1。

表 3—3—1　　感烟探测器下表面至顶棚（屋顶）的距离

探测器的安装高度 h（m）	感烟探测器下表面至顶棚（屋顶）的距离（mm）					
	顶棚（屋顶）坡度 Q					
	$Q \leqslant 15°$		$15° < Q \leqslant 30°$		$Q > 30°$	
	最小	最大	最小	最大	最小	最大
$h \leqslant 6$	30	200	200	300	300	500
$6 < h \leqslant 8$	70	250	250	400	400	600
$8 < h \leqslant 10$	100	300	300	500	500	700
$10 < h \leqslant 12$	150	350	350	600	600	800

7）探测器应水平安装，如果必须倾斜安装时，倾斜角度不应大于 45°。

8）在电梯井、升降机井设置探测器时，应将探测器安装在井道上方的机房顶棚上。

9）门磁开关安装分为可移动部件安装和输出部件安装。可移动部件安装在活动的门窗上；输出部件安装在相应的门窗上，两者安装距离不超过 10 mm。输出部件上有两条线，正常状态为常闭输出，门窗开启超过 10 mm，输出转换为常开。

10）探测器应能探测到目标在探测覆盖区域内相对于探测器设计距离的运动，探测器应产生报警状态。探测器应设置防拆保护，当探测器壳体被打开到足以触及其中的任何控制部件或机械固定的调节器时，应产生报警状态。

（4）探测器安装（图 3—3—25）。先将预留在盒内的导线用剥线钳剥去绝缘外皮，露出线芯 10 ~ 15 mm（注意不要碰掉线号套管），顺时针压接在探测器底座的各级接线端上，然后将底座用配套的机螺钉固定在预埋盒上，并上好防尘防潮罩。最后按设计图样要求检查无误，再拧上探测器头。需注意以下问题：

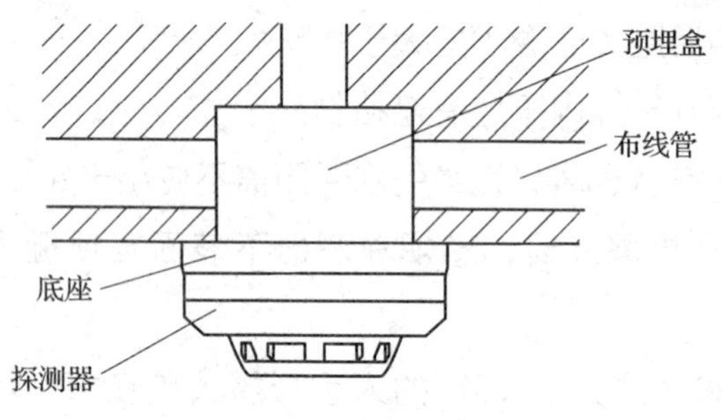

图 3—3—25 探测器安装示意图

1）最后一个探测器加终端电阻 R，其阻值大小应根据产品技术说明书中的规定取值，并联探测器的数值一般取 5 ~ 56 kΩ。有的产品不需接终端电阻。但是，有的终端器为一个半导体硅二极管（ZCK 型或 ZCZ 型）和一个电阻并联，应注意安装二极管时，其负极应接在 + 24 V 端子或底座上。

2）并联探测器数目一般以少于 5 个为宜，其他有关要求见产品技术说明书。

3）当采用防水型探测器有预留线时，要采用接线端子过渡分别压接，压接后的端子必须用防水胶布包缠好，再放于预留孔内。

4）采用总线制，并要进行编码的探测器，应在安装前对照厂家技术说明书的规定，按层或区域事先进行编码分类，然后再按照上述工艺要求安装探测器。

5）为了使探测器安装后外形美观，可以加装预埋盒。

（5）端子箱安装

1）设置在专用竖井内的端子箱，应根据设计要求的高度及位置，采用金属膨胀螺栓将箱体固定在墙壁上（明装），管进箱处应带好护口，将干线电缆和支线分别引入。

2）剥去电缆绝缘层和导线绝缘层，使用校线耳机，两人分别在线路两端逐根核对导线编号。

3）将导线留有一定长度的余量，然后绑扎成束，分别设置在端子板两侧。

4）原则上先压接从中心引来的干线，后压接水平线路。

（6）管理机安装。管理机是一台符合探测器运行条件的 PC 机。按照 PC 机放置标准配置中心控制室。按照探测器产品技术说明书安装运行软件以及用总线接各建筑物探测器至管理机。

2. 电视监控系统安装

（1）工艺流程（图 3—3—26）

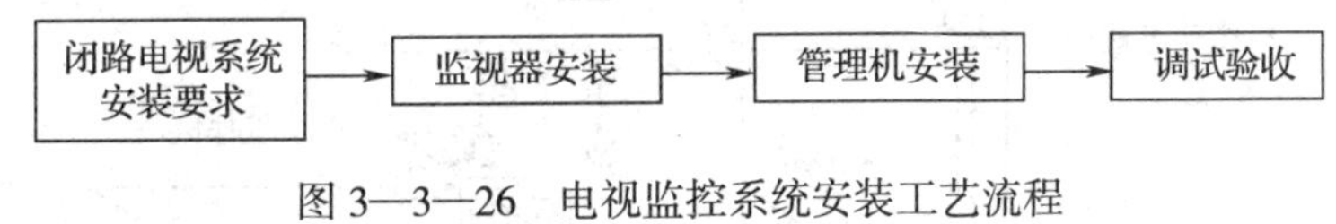

图 3—3—26　电视监控系统安装工艺流程

（2）闭路电视系统布线要求

1）系统建筑物内垂直干线应采取金属管、封闭式金属线槽等保护方式进行布线。与裸放的电力电缆的最小净距 800 mm；与放在有接地的金属线槽或钢管中的电力电缆最小净距 150 mm。

2）水平子系统应穿钢管埋于墙内，禁止与电力电缆穿同一管内。

3）吊顶内施工时，须穿于 PVC 管或蛇皮软管内；安装设备处须放过线盒，PVC 管或蛇皮软管进过线盒，线缆禁止暴露在外。

4）穿管绝缘导线或电缆的总截面积不应超过管内截面积的 40%。

5）敷设于封闭线槽内的绝缘导线或电缆的总截面积不应大于线槽净截面积的 50%。

（3）监视器安装。先将预留的导线用剥线钳剥去绝缘外皮，露出线芯 10 ~ 15 mm（注意不要碰掉线号套管），顺时针压接在底座的各级接线端上，然后将底座用配套的机螺钉固定在预埋盒上。采用总线制，并要进行编码的，应在安装前对照厂家技术说明书的规定，按层或区域事先进行编码分类，然后再按照上述工艺要求安装。

（4）管理机安装。管理机是一台符合探测器运行条件的 PC 机。按照 PC 机放置标准配置中心控制室。按照探测器产品技术说明书安装运行软件以及用总线接各监视设备至矩阵，然后接至管理机。

3. 综合布线系统安装

一般规定适用于新建、扩建建筑与建筑群综合布线系统（图 3—3—27）工程的安装工艺要求，对改建工程可按本章的有关规定执行。

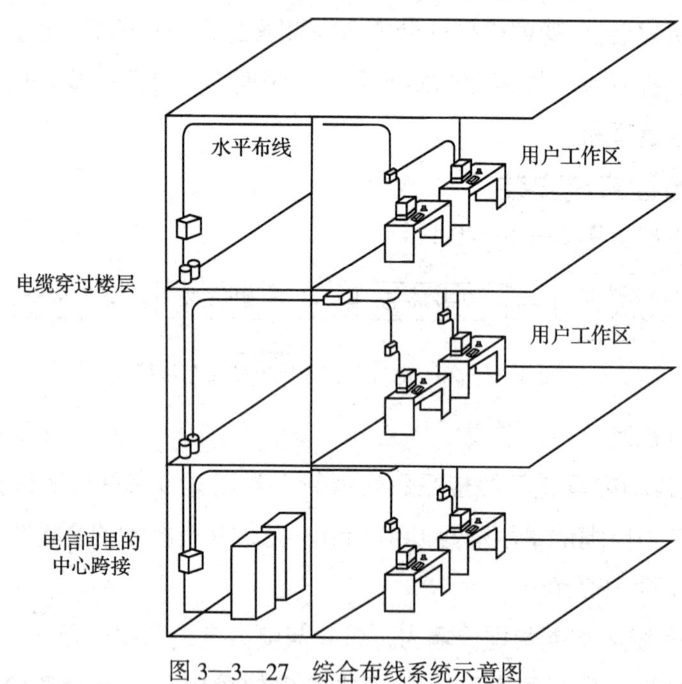

图 3—3—27　综合布线系统示意图

（1）设备间。设备间的设计应符合下列规定：

1）设备间宜处于干线子系统的中间位置。

2）设备间宜尽可能靠近建筑物电缆引入区和网络接口。

3）设备间的位置宜便于接地。

4）设备间室温应保持在 10 ~ 30℃之间，相对湿度应保持在 20% ~ 80%，并应有良好的通风。

5）设备间内应有足够的设备安装空间，其面积最低不应小于 10 m^2 。

6）设备间应防止有害气体（如 SO、HS、NH、NO 等）侵入，并应有良好的防尘措施。

7）在地震区的区域内，设备安装应按规定进行抗震加固，并符合《通信设备安装抗震设计规范》（YD 5059—2005）的相应规定。

设备安装宜符合下列规定：

1）机架或机柜前面的净空不应小于 800 mm，后面的净空不应小于 600 mm。

2）壁挂式配线设备底部离地面的高度不宜小于 300 mm。

3）在设备间安装其他设备时，设备周围的净空要求按该设备的相关规范执行。

4）设备间应提供不少于两个 220 V、10 A 带保护接地的单相电源插座。

5）设备间的安装工艺要求除上述规定外，安装电信专用房屋设备或其他应用设备时，应符合相应的设计规定。

（2）交接间

1）交接间的数目，应从所服务的楼层范围来考虑。如果配线电缆长度都在 90 m 范围以内，宜设置一个交接间，当超出这一范围时，可设两个或多个交接间，并相应地在交接间内或紧邻处设置干线通道。

2）交接间的面积不应小于 5 m^2，如覆盖的信息插座超过 200 个时，应适当增加面积。

3）交接间的设备安装和电源要求，应符合相关的规定。

4）交接间应有良好的通风，安装有源设备时，室温宜保持在 10 ~ 30℃，相对湿度宜保持在 20% ~ 80%。

（3）电缆

1）配线子系统电缆宜穿管或沿金属电缆桥架敷设，当电缆在地板下布放时，应根据环境条件选用地板下线槽布线、网络地板布线、高架（活动）地板布线、地板下管道布线等安装方式。

2）干线子系统垂直通道有电缆孔、管道、电缆竖井三种方式可供选择，宜采用电缆竖井方式。水平通道可选择预埋暗管或电缆桥架方式。

3）管内穿放大对数电缆时，直线管路的管径利用率为 50% ~ 60%，弯管路的管径利用率应为 40% ~ 50%。管内穿放 4 对对绞电缆时，截面利用率应为 25% ~ 30%。线槽的截面利用率不应超过 50%。

（4）工作区。工作区信息插座的安装宜符合下列规定：

1）安装在地面上的信息插座应采用防水和抗压的接线盒。

2）安装在墙面或柱子上的信息插座底部离地面的高度宜为 300 mm。

3）安装在墙面或柱子上的多用户信息插座底部离地面的高度宜为 300 mm。

4）工作区的电源插座应选用带保护接地的单相电源插座，保护接地与零线应严格分开。

4. 消防系统安装（图 3—3—28）

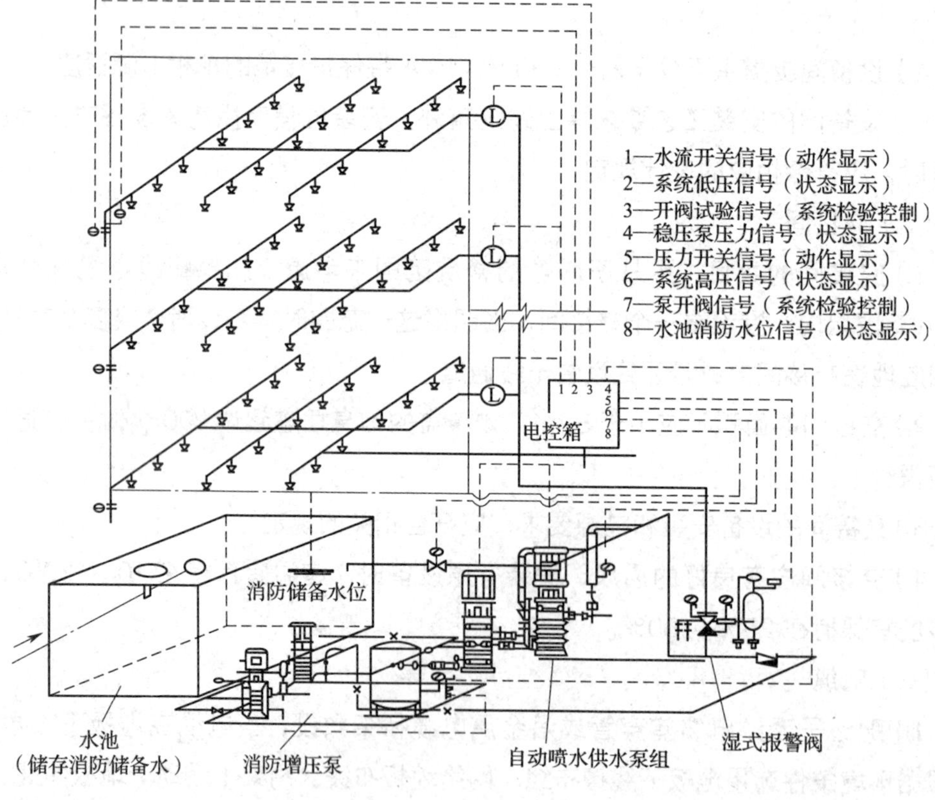

图 3—3—28　消防系统

（1）火灾探测器的安装。点型火灾探测器的安装位置，应符合下列规定：

1）探测器至墙壁、梁边的水平距离，不应小于 0.5 m。

2）探测器周围 0.5 m 内，不应有遮挡物。

3）探测器至空调送风口边的水平距离，不应小于 1.5 m；至多孔送风顶棚孔口的水平距离，不应小于 0.5 m。

4）在宽度小于 3 m 的内走道顶棚上设置探测器时，宜居中布置。感温探测器的安装间距，不应超过 10 m；感烟探测器的安装间距，不应超过 15 m。探测器距端墙的距离，不应大于探测器安装间距的一半。

5）探测器宜水平安装，当必须倾斜安装时，倾斜角不应大于 45°。

6）探测器的底座应固定牢靠，其导线连接必须可靠压接或焊接。当采用焊接时，不得使用带腐蚀性的助焊剂。

7）探测器的“+”线应为红色，“-”线应为蓝色，其余线应根据不同用途采用其他颜色区分。但同一工程中相同用途的导线颜色应一致。

8）探测器底座的外接导线，应留有不小于 150 mm 的余量，入端处应有明显标志。

9）探测器底座的穿线孔宜封堵，安装完毕后的探测器底座应采取保护措施。

10）探测器的确认灯，应面向便于人员观察的主要入口方向。

11）探测器在即将调试时方可安装，在安装前应妥善保管，并应采取防尘、防潮、防腐蚀措施。

线型火灾探测器和可燃气体探测器等有特殊安装要求的探测器，应符合现行有关国家标准的规定。

（2）手动火灾报警按钮的安装

1）手动火灾报警按钮，应安装在墙上距地（楼）面高度 1.5 m 处。

2）手动火灾报警按钮，应安装牢固，并不得倾斜。

3）手动火灾报警按钮的外接导线，应留有不小于 10 cm 的余量，且在其端部应有明显标志。

（3）火灾报警控制器的安装

1）火灾报警控制器（以下简称控制器）在墙上安装时，其底边距地（楼）面高度不应小于 1.5 m；落地安装时，其底边宜高出地坪 0.1 ~ 0.2 m。

2）控制器应安装牢固，不得倾斜。安装在轻质墙上时，应采取加固措施。

3）引入控制器的电缆或导线，应符合下列要求：

①配线应整齐，避免交叉，并应固定牢靠。

②电缆芯线和所配导线的端部，均应标明编号，并与图样一致，字迹清晰不易褪色。

③端子板的每个接线端，接线不得超过 2 根。

④电缆芯和导线，应留有不小于 200 mm 的余量。

⑤导线应绑扎成束。

⑥导线引入线穿线后，在进线管处应封堵。

4）控制器的接地应牢固，并有明显标志。

（4）消防控制设备的安装

1）消防控制设备在安装前应进行功能检查，不合格者，不得安装。

2）消防控制设备的外接导线，当采用金属软管作套管时，其长度不宜大于 2 m，且应采用管卡固定，其固定点间距应不大于 0.5 m。金属软管与消防控制设备的接线盒（箱），应采用锁母固定，并应根据配管规定接地。

3）消防控制设备外接导线的端部，应有明显标志。

4）消防控制设备盘（柜）内不同电压等级、不同电流类别的端子应分开，并有明显标志。

（5）系统接地装置的安装

1）工作接地线应采用铜芯绝缘导线或电缆，不得利用镀锌扁铁或金属软管。

2）由消防控制室引至接地体的工作接地线，在通过墙壁时，应穿入钢管或其他坚固的保护管。

3）工作接地线与保护线，必须分开，保护接地导体不得利用金属软管。

4）接地装置施工完毕后，应及时做隐蔽工程验收。验收应包括下列内容：

①测量接地电阻，并做记录。

②查验应提交的技术文件。

③审查施工质量。

四、质量验收及检验

质量验收及检验参照《建筑装饰装修工程质量验收规范》（GB 50210—2011）、《住宅室内装饰装修工程质量验收规范》（JGJ/T 304—2013），以及有关室内弱电工程质量验收有关规定执行。

思考与练习

1. 有线电视安装的主控项目有哪些，如何检验?
2. 电话线路安装的主控项目有哪些，如何检验?
3. 综合布线有哪些工艺方法？

第四章　供暖系统安装

学习目标

1. 熟悉建筑装饰供暖工程施工图的主要元素。
2. 能识读建筑装饰供暖工程施工图。
3. 能配合进行建筑供暖系统的安装。
4. 能配合进行建筑供暖系统的安装质量检测。

第一节　建筑装饰供暖工程施工图识读

供暖工程施工图由文字、图例部分和图示部分组成。文字、图例部分包括设计施工说明、图样目录、图例及主要设备材料表等，图示部分包括平面图、系统图和详图。

一、文字、图例部分识读

1. 设计施工说明

供暖工程施工图的设计施工说明一般包括以下内容：

（1）建筑物的供暖面积、热源的种类、热媒参数、系统总热负荷。

（2）系统形式，进出口压力差，各房间设计温度。

（3）采用散热器的型号及安装方式、系统形式。

（4）在施工图上无法表达的内容，如管道防腐、保温的做法等。

（5）所采用的管道材料及管道连接方式。

（6）在施工图上未做表示的管道附件安装情况，如在散热器支管与立管上是否安装阀门等。

（7）在安装和调整运转时应遵循的标准和规范。

（8）施工注意事项，施工验收应达到的质量要求。

2. 图样目录

包括设计人员绘制部分和所选用的标准图部分。

3. 图例

供暖工程施工图中的管道及附件、管道连接、阀门、供暖设备及仪表等，采用《暖通空调制图标准》(GB/T 50114—2010)中统一的图例表示，凡在标准图例中未列入的可自设，但在图样上应专门画出图例，并加以说明。表4—1—1摘录了《暖通空调制图标准》中的部分图例。

表 4—1—1　暖通空调制图标准图例

符号	名称	说明	符号	名称	说明
———	供水（汽）管			疏水器	也可用
- - - - - - - -	回（凝结）水管			自动排气阀	
	绝热管			集气罐、排气装置	
	套管补偿器			固定支架	右为多管
	方形补偿器			丝堵	也可表示为
	波纹管补偿器		i=0.003 或 → i=0.003	坡度及坡向	
	弧形补偿器		Ⓣ 或	温度计	左为圆盘式温度计 右为管式温度计
	止回阀	左图为通用 右图为升降式止回阀	或	压力表	
	截止阀			水泵	流向：自三角形底边至顶点
	闸阀			活接头	

续表

符号	名称	说明	符号	名称	说明
15 15	散热器及手动放气阀	左为平面图画法 右为系统图画法		可曲挠接头	
15 15 15 15	散热器及控制器	左为平面图画法 右为系统图画法		除污器	左为立式除污器 中为卧式除污器 右为Y型过滤器

4. 主要设备材料表

为了便于施工备料，保证安装质量和避免浪费，使施工单位能按设计要求选用设备和材料，一般的施工图均应附有主要设备材料表，简单项目的设备材料表可列在主要图样内。设备材料表的主要内容有编号、名称、型号、规格、单位、数量、质量、附注等。

二、图示部分识读

1. 平面图

室内供暖平面图表示建筑各层供暖管道与设备的平面布置。内容包括：

（1）建筑物的平面布置，其中应注明轴线、房间主要尺寸、指北针，必要时应注明房间名称，以及建筑各房间分布、门窗和楼梯间位置等。在图上应注明轴线编号、外墙总长尺寸、地面及楼板标高等与供暖系统施工安装有关的尺寸。

（2）热力入口位置，供、回水总管名称、管径。

（3）干、立、支管位置和走向，管径以及立管（平面图上为小圆圈）编号。

（4）散热器（一般用小长方形表示）的类型、位置和数量。各种类型的散热器规格和数量标注方法如下：

1）柱型、长翼型散热器只注数量（片数）。

2）圆翼型散热器应注根数、排数，如 3×2（每排根数 × 排数）。

3）光管散热器应注管径、长度、排数，如 D108×200×4［管径（mm）× 管长（mm）× 排数］。

4）闭式散热器应注长度、排数，如 1.0×2［长度（m）× 排数］。

5）膨胀水箱、集气罐、阀门位置与型号。

6）补偿器型号、位置，固定支架位置。

（5）对于多层建筑，各层散热器布置基本相同时，也可采用标准层画法。在标准层平面图上，散热器要注明层数和各层的数量。

（6）平面图中散热器与供水（供汽）、回水（凝结水）管道的连接按图 4—1—1 所示方式绘制。

（7）当平面图、剖面图中的局部要另绘详图时，应在平面图或剖面图中标注索引符号，画法如图 4—1—2 所示，图 4—1—2a 为详图编号及所在图样号，图 4—1—2b 为详图所在标准图或通用图图集号及图样号。

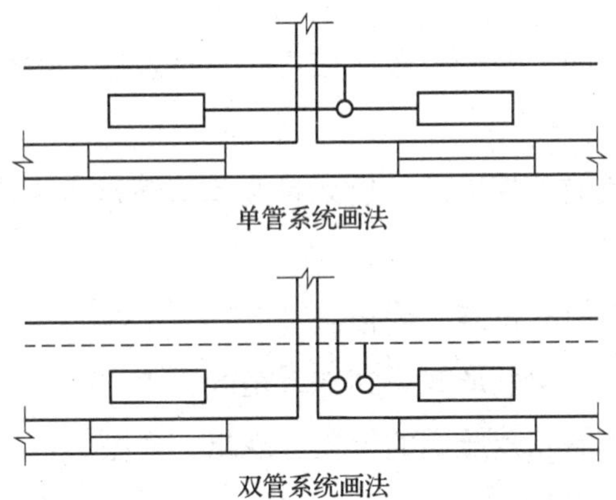

图 4—1—1　平面图中散热器与管道连接

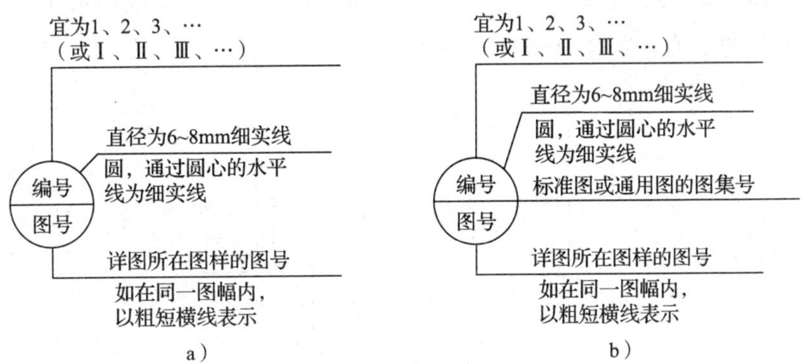

图 4—1—2　详图索引符号

（8）主要设备或管件（如支架、补偿器、膨胀水箱、集气罐等）在平面上的位置。

（9）用细虚线画出供暖地沟、过门地沟的位置。

2. 系统图

系统图又称流程图，也叫系统轴测图，与平面图配合，表明了整个供暖系统的全貌。供暖工程系统图应以轴测投影法绘制，并宜用正等轴测或正面斜轴测投影法。当采用正面斜轴测投影法时，y 轴与水平线的夹角可选用 45° 或 30° 。系统图的布置方向一般应与平面图一致。系统图包括水平方向和垂直方向的布置情况。散热器、管道及其附件（阀门、疏水器）均在图上表示出来。

此外，还标注各立管编号、各段管径和坡度、散热器片数、干管的标高。

系统图应包括如下内容：

（1）供暖管道的走向、空间位置、坡度，管径及变径的位置，管道与管道之间的连接方式。

（2）散热器与管道的连接方式，例如是竖单管还是水平串联的，是双管上分或是下分等。

（3）管路系统中阀门的位置、规格。

（4）集气罐的规格、安装形式（立式或是卧式）。

（5）蒸汽供暖疏水器和减压阀的位置、规格、类型。

（6）节点详图的索引符号。

（7）按规定对系统图进行编号，并标注散热器的数量。柱型、圆翼型散热器的数量应注在散热器内，如图 4—1—3 所示；光管式、串片式散热器的规格及数量应注在散热器的上方，如图 4—1—4 所示。

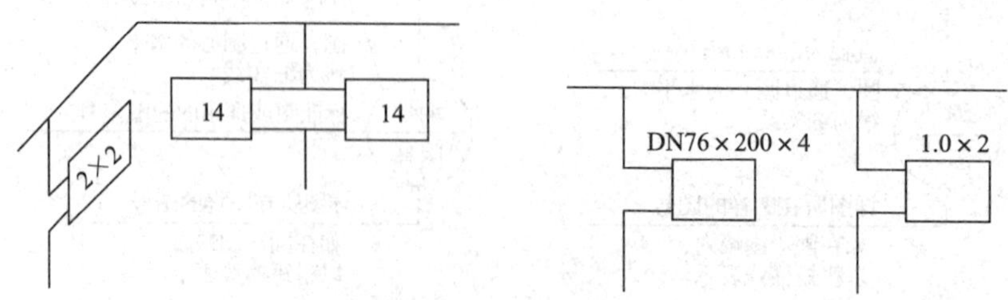

图 4—1—3 柱型、圆翼型散热器的注法　图 4—1—4 光管式、串片式散热器的注法

（8）供暖系统编号、入口编号由系统代号和顺序号组成。室内供暖系统代号“N”，其画法如图 4—1—5 所示，其中图 4—1—5b 为系统分支画法。

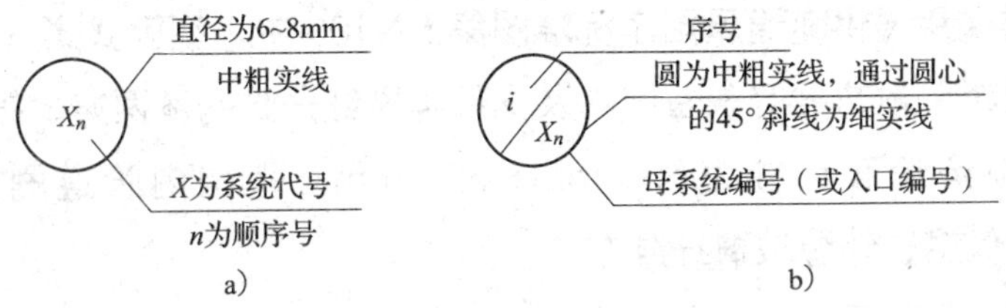

图 4—1—5 系统代号

（9）竖向布置的垂直管道系统，应标注立管号，如图 4—1—6 所示。为避免引起误解，可只标注序号，但应与建筑轴线编号有明显区别。

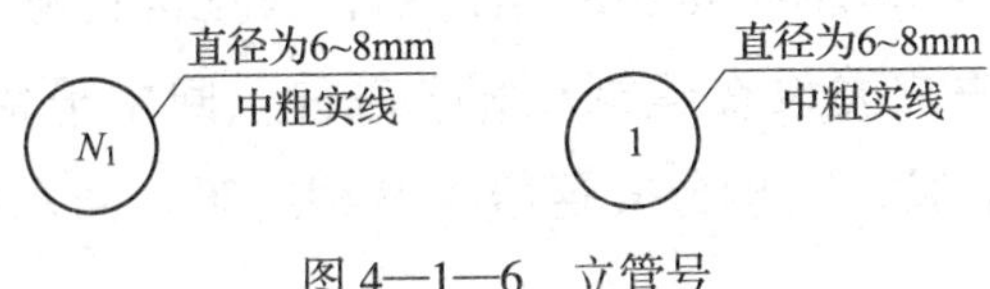

图 4—1—6 立管号

3. 详图

在供暖平面图和系统图上表达不清楚、用文字也无法说明的地方，可用详图画出。

详图是局部放大比例的施工图，因此也叫大样图。它能表示供暖系统节点与设备的详细构造及安装尺寸要求，例如，一般供暖系统入口处管道的交叉连接复杂，因此需要另画一张比例比较大的详图。它包括节点图、大样图和标准图。

（1）节点图 。能清楚地表示某一部分供暖管道的详细结构和尺寸，但管道仍然用单线条表示，只是将比例放大，使人能看清楚。

（2）大样图。管道用双线图表示，看上去有真实感。

（3）标准图。它是具有通用性质的详图，一般由国家或有关部委出版标准图案，作为国家标准或部标准的一部分颁发。

三、供暖工程施工图实例

图 4—1—7 为某综合楼供暖工程一层平面图，图 4—1—8 为供暖工程二层平面图，图 4—1—9 为供暖系统图。

图样说明：

1. 本工程采用低温水供暖，供回水温度为 70 ~ 95 ℃。
2. 系统采用上分下回单管顺流式。

3. 管道采用焊接钢管，DN32 以下为丝扣连接，DN32 以上为焊接。

4. 散热器选用铸铁四柱 813 型，每组散热器设手动放气阀。

5. 集气罐采用《供暖通风国家标准图集》N103 中 I 型卧式集气阀。

6. 明装管道和散热器等设备附件及支架等刷红丹防锈漆两遍，银粉两遍。

7. 室内地沟断面尺寸为 500 mm × 500 mm，地沟内管道刷防锈漆两遍，50 mm 厚岩棉保温，外缠玻璃纤维布。

8. 图中未注明管径的立管均为 DN20，支管为 DN15。

9. 其余未说明部分，按施工及验收规范有关规定进行。

在一层平面图（图 4—1—7）中，热力入口设在靠近⑥轴右侧位置，供、回水干管管径均为 DN50。供水干管引入室内后，在地沟内敷设，地沟断面尺寸为 500 mm × 500 mm。主立管设在建筑毗邻⑦轴处。回水干管分成两个分支环路，右侧分支连接共 7 根立管，左侧分支连接共 8 根立管。回水干管在过门和厕所内局部做地沟。

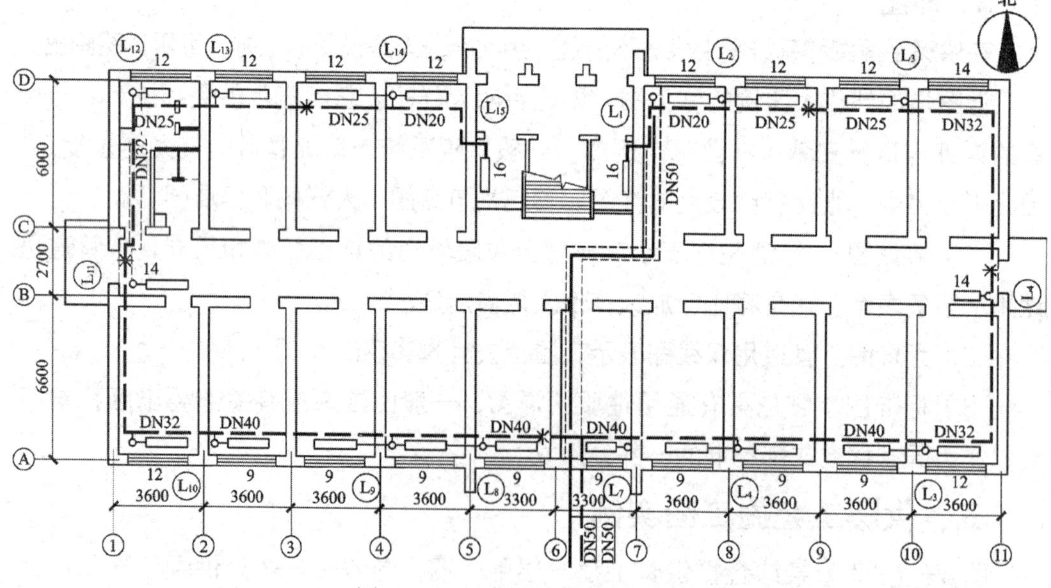

图 4—1—7　供暖工程一层平面图

在二层平面图（图 4—1—8）中，从供水主立管⑤轴和⑦轴交界处分为左、右两个分支环路，分别向各立管供水，末端干管分别设置卧式集气罐，型号详见说明，放气管管径为 DN15，引至二层水池。

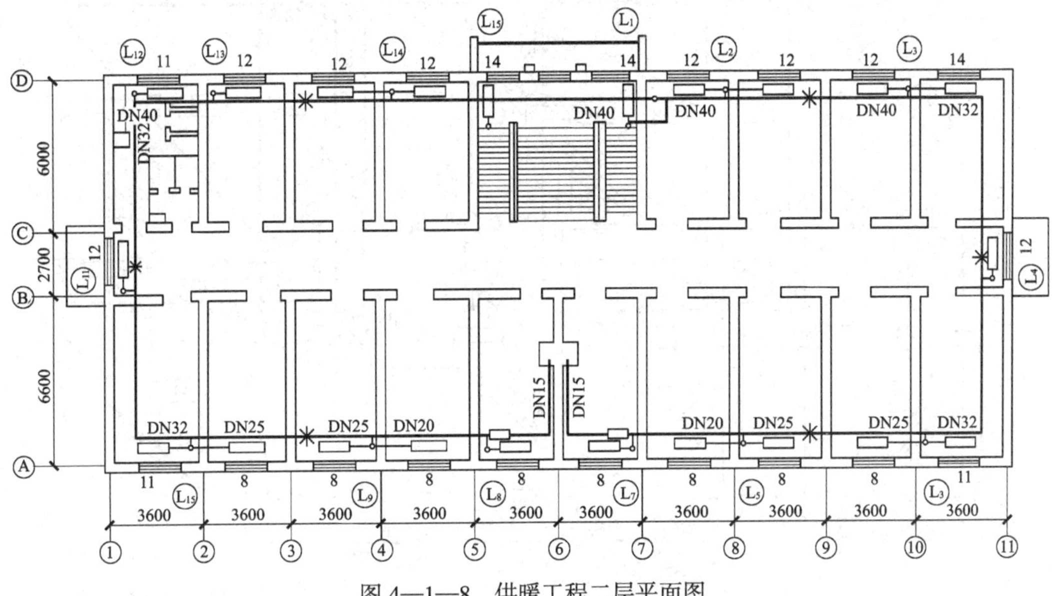

图 4—1—8　供暖工程二层平面图

建筑物内各房间散热器均设置在外墙窗下。一层走廊、楼梯间因有外门，散热器设在靠近外门内墙处；二层设在外窗下。散热器为铸铁四柱 813 型（见设计说明），各组片数标注在散热器旁。

阅读供暖系统图时，一般从热力入口起，先弄清干管的走向，再逐一看各立、支管。

参照图 4—1—9，系统热力入口供、回水干管均为 DN50，并设同规格阀门，标高为 –0.900 m。引入室内后，供水干管标高为 –0.300 m，有 0.003 上升的坡度，经主立管引到二层后，分为两个分支，分流后设阀门。两分支环路起点标高均为 6.500 m，坡度为 0.003，供水干管始端为最高点，分别设卧式集气罐，通过 DN15 放气管引至二层水池，出口处设阀门。

各立管采用单管顺流式，上下端设阀门。图中未标注的立、支管管径详见设计说明（立管为 DN20，支管为 DN15）。

回水干管同样分为两个分支，在地面以上明装，起点标高为 0.100 m，有 0.003 沿水流方向下降的坡度。设在局部地沟内的管道，末端为最低点，并设泄水丝堵。两路汇合前设阀门，汇合后进入地沟，回水排至室外。

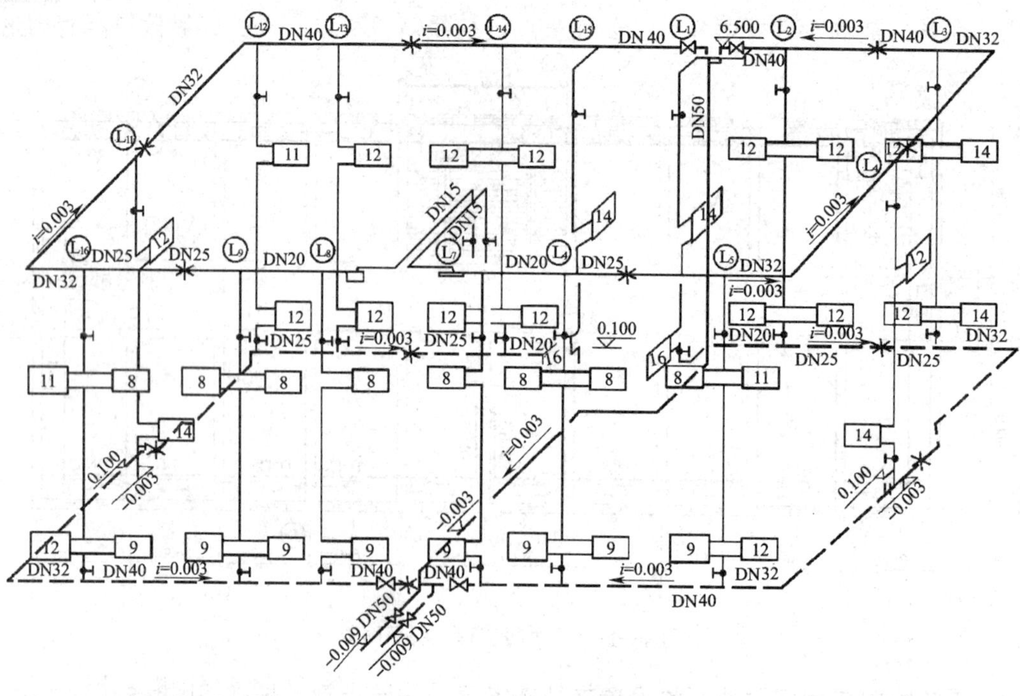

图 4—1—9　供暖系统图

思考与练习

1. 供暖系统图的设计施工说明包括哪些内容?

2. 图 4—1—7 中有几种管径，分别是多少?

第二节　建筑供暖系统安装

供暖系统中热媒是通过供暖房间内设置的散热设备而传热的。目前常用的设备有散热器、地暖。

一、散热器安装与质量验收

散热器是安装在供暖房间内的散热设备，热水或蒸汽在散热器内流过，它们所携带的热量便通过散热器以对流、辐射方式不断地传给室内空气，达到供暖的目的。

1. 常见的散热器类型

（1）铸铁散热器。铸铁散热器是由铸铁浇铸而成，结构简单，具有耐腐蚀、使

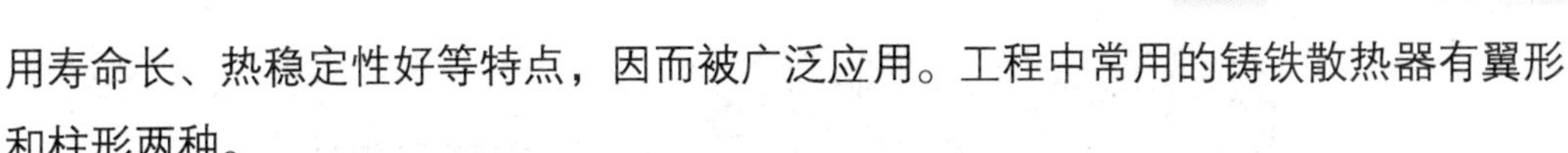

用寿命长、热稳定性好等特点，因而被广泛应用。工程中常用的铸铁散热器有翼形和柱形两种。

1）翼形散热器。翼形散热器又分为圆翼形和长翼形，外表面有许多肋片，如图 4—2—1 所示。

2）柱形散热器。柱形散热器是呈柱状的单片散热器，如图 4—2—2 所示。每片各有几个中空的立柱相互连通，常用的有二柱散热器和四柱散热器两种。

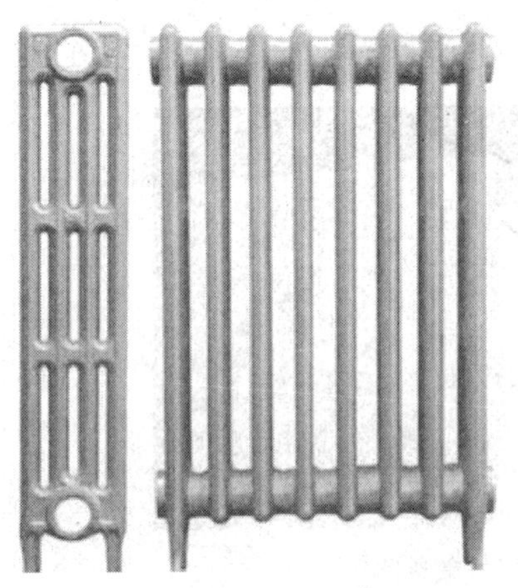

图 4—2—1　翼形散热器

图 4—2—2　柱形散热器

（2）钢制散热器。钢制散热器与铸铁散热器相比具有金属耗量少、耐压强度高、外形美观整洁、体积小、占地少、易于布置等优点，但易受腐蚀，使用寿命短，多用于高层建筑和高温水供暖系统中，不能用于蒸汽供暖系统，也不宜用于湿度较大的供暖房间内。

钢制散热器的主要形式有闭式钢串片散热器（图 4—2—3）、板式散热器（图 4—2—4）和钢制柱式散热器等。

（3）铝合金散热器。铝合金散热器是近年来我国工程技术人员在总结吸收国内外经验的基础上，潜心开发的一种新型、高效散热器。其造型美观大方，线条流畅，占地面积小，富有装饰性；其质量约为铸铁散热器的十分之一，便于运输安装；其金属热强度高，约为铸铁散热器的六倍；节省能源，采用内防腐处理技术。

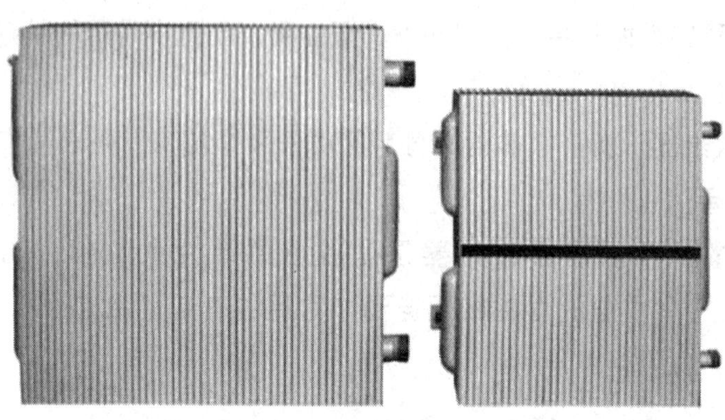

图 4—2—3　闭式钢串片散热器

图 4—2—4　板式散热器

（4）复合材料型铝制散热器。复合材料型铝制散热器是普通铝制散热器发展的一个新阶段，使用这种散热器时要注意做好主动防腐工作。

所谓主动防腐，主要有两个办法，一个方法是规范供热运行管理，控制水质，对钢制散热器主要控制含氧量，停暖时充水密闭保养；对铝制散热器主要控制 pH 值。另一个方法是采用耐腐蚀的材质，如铜、钢、塑料等。

2. 散热器的安装要求及验收

散热器的安装形式有明装和暗装两种。明装是指散热器裸露在室内，暗装则有半暗装（散热器的一半宽度置于墙槽内）、全暗装（散热器宽度方向完全置于墙槽内，加罩后与墙面平齐）。

（1）散热器组对（铸铁散热器）。散热器是由散热器片通过对丝组合而成。对丝一头为正丝口，另一头为反丝口。散热器片两侧的接口螺纹也是方向相反的，与对丝织纹相对应。两个散热器片之间夹有垫片，热媒温度低于 100℃时，可采用石

棉橡胶垫片；高于 100℃时，可用石棉绳加麻绕在对丝上作垫片。

（2）散热器的安装。散热器安装可按国家标准图施工。

（3）散热器的布置。有外窗时，一般应布置在每个外窗的窗台下；在进深较小的房间散热器也可沿内墙布置；在双层门的外室及门斗中不宜设置散热器。

（4）水压试验。试压时直接升压至试验压力，稳压 2 ~ 3 min，对接口逐个进行外观检查，不渗不漏为合格。

二、地暖安装与质量验收

地暖（图 4—2—5）是地板辐射供暖的简称，是以整个地面为散热器，通过地板辐射层中的热媒，均匀加热整个地面，利用地面自身的蓄热和热量向上辐射的规律由下至上进行传导，来达到取暖的目的。

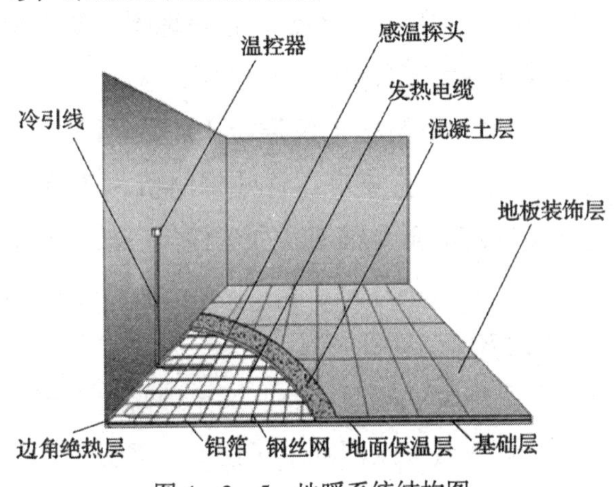

图 4—2—5　地暖系统结构图

1. 地暖分类

地面辐射供暖按照供热方式的不同主要分为水地暖和电地暖，而电地暖又有发热电缆供暖和电热膜供暖、碳纤维电暖。

（1）水地暖。水地暖即低温热水地面辐射供暖，是以温度不高于 60℃的热水为热媒，在加热管内循环流动，加热地板，通过地面以辐射（主要）和对流（次要）的传热方式向室内供热的供暖方式。

（2）发热电缆供暖。发热电缆地面辐射供暖是以低温发热电缆为热源，加热地板，通过地面以辐射（主要）和对流（次要）的传热方式向室内供热的供暖方式。常用发热电缆分为单芯电缆和双芯电缆。双芯电缆没有磁场和辐射。

（3）电热膜供暖。低温辐射电热膜是一种通电后能发热的半透明聚酯薄膜，由可导电的特制油墨、金属载流条经加工、热压在绝缘聚酯薄膜间制成。工作时以碳基油墨为发热体，将热量以辐射的形式送入空间，使人体感到温暖。

（4）碳纤维电暖。碳纤维电暖器是采用高新材料——碳纤维发热线为发热体，设计研制的全新型的电暖器，带有温控器、遥控器，具有加热、取暖功能。碳纤维发热丝电暖器发热功率一定、单面散热，属于线状发热体，发热原理类似电热毯。碳纤维板材功率可以随意定，双面散热，属于面状发热体，相对来说效果会更理想。

2. 地暖设备组成

地暖主要设备部分：锅炉 / 壁挂炉，采暖主管道，分、集水器，地暖管，温控器等。大户型房屋还配有采暖循环水泵（起增压作用）、恒温混水阀（节能且舒适性好）等。这些设备都是地暖主要组成部分，也是地暖主要耗材，特别是壁挂炉和地暖管，基本占据了地暖的绝大部分成本。

地暖辅材辅料：反射膜、挤塑板（保温板）、钢丝网、边界保温条、地暖卡钉、不锈钢软管、球阀、弯头、直接等。这些辅材价格不高，品种较多，市场复杂，但这些辅材都是地暖安装的重要细节，少了任何一部分都会影响地暖的安装和使用效果。

3. 地暖主要设备作用

采暖壁挂炉：壁挂炉是地暖的热源中心，满足地暖整个系统运行所需的能量需求。壁挂炉也是地暖品牌竞争最为激烈的地暖设备，采暖壁挂炉最常见的是燃气式壁挂炉，气种有人工煤气、天然气。最近几年，随着科技的进步，世界综合制造水平的不断提升，市场上出现了更加节能环保的产品，如空气源热泵、地源热泵、太阳能与燃气壁挂炉联动装置等。

地暖管：用于地面辐射采暖的低温热水的冷热交换，地暖系统寿命取决于地暖管材的选择，现在的地暖管材的寿命一般都是 50 年。按材质的不同，可以划分为 PE-RT 管、PEXA 管、铝塑复合管等。目前市面上使用较多的是 PE-RT 管和 PEXA 地暖管。

采暖主管道：主管是进户主管道与分水器连接的部分，在户型较小的地暖系统中，主管用量很少，走向也很简单，但在别墅或复式这些比较大的地暖系统中，主管用量很多，需要专业的设计师来设计主管的走向，而且主管安装要求也比较严

格，要横平竖直。

分、集水器：包括分、集水干管、排气泄水装置、支路阀门和连接配件等。它相当于地暖系统的心脏，整个地暖系统的热水靠分、集水器把它均匀地分配到每个支路里，在地暖管内循环后汇集到一起，在水泵水力的作用下再分配，来保证整个采暖系统的安全、正常运行。

地暖设备温控器：通过精确检测室内温度，把测量的温度信号传至温控器内部与用户设定温度进行对比，直至室内温度自动调整至设定的理想温度。常见的有液晶屏幕温控器，新型的有无线可编程温控器，可实现定时或多时段编程功能。

4. 常见的布管铺设方式

地暖管路的铺设可以有多种形式，但是它既要保证向房间提供足够的热量，又要满足人们对于舒适感的要求，所以在选择布管形式以及管路间距时根据具体情况而定。

（1）螺旋形布管。这种方式通常可以产生均匀的地面温度，并可通过调整管间距来满足局部区域特殊要求，由于采用螺旋形布管时管路只弯曲了 90°，材料所受弯曲应力较小，是比较常用的一种方式。

（2）迂回形布管。这种方式通常产生的温度一端高一端低，而且布管时管路要弯曲 180°，材料所受应力较大，适用于在较狭小空间内采用。

（3）混合形布管。由于房间结构复杂多样，除上述典型布管方式外，混合形布管方式也经常被采用。

5. 地暖安装与验收

地暖经过地板层给房间加热，因此一般较大的空间使用地暖更加合适，地暖比较适合于面积在 60 m^2 以上的房间采用，太小的房间采用地暖会造成过度浪费的现象。

在安装地暖之时，则要做到安装安全有规划。安装地暖并非是不需要布局的，恰恰相反，地暖安装的布局需要缜密，要根据使用的面积和房间的保温效果来考虑地暖的布局，设计合理的地暖排管的走向以及管路之间的间距，同时按照辐射的原理来向房间提供最为合适的散热量，进行精确的计算，以达到用最少的管路达到最好的效果的要求。

地暖安装一般是由专业公司进行，在装修施工管理过程中主要需做好验收工作。地暖的验收主要是从以下几个方面进行。

（1）所有设备、材料应为正规厂家生产，有合格证、质保书。

（2）设计、施工的专业性考察。设计师应为暖通专业人员，施工队应为专业的施工队。

（3）应有严格的施工安装步骤和质量控制措施。

（4）锅炉安装应牢固、可靠。

（5）绝热聚苯板应放置平稳，绝热发泡垫铺设应平整、无褶皱，管道布置应平直，间距合理。

（6）管道安装完毕后应进行压力试验，参照《建筑给水排水及采暖工程施工质量验收规范》（GB 50242—2002）要求进行。

1）地暖水压实验步骤

①水压实验前，对试压管道和构件应采取安全有效的固定和保护措施，试压压力应为工作压力的 1.5 倍，最低不得低于 0.6 MPa。

②水压实验时，经分水器缓慢注水，同时将管道内空气排出。充满水后，进行水密性检查。

③用水缓慢升压，升压时间不得小于 5 min，升压至工作压力后，稳压 5 min，观察有无漏水现象，补压至规定试验压力，10 min 内压降不超过 0.03 MPa 为合格。

④冬季进行水压实验时，应采取可行的防冻措施。

2）地暖气压实验步骤

①气压实验前，对试压管道和构件应采取安全有效的固定和保护措施，试压压力应为工作压力的 1.5 倍，最低不得低于 0.6 MPa。

②采用空气压缩机，经分水器逐渐加压，进行气密性检查。

③升压至工作压力时，稳压 5 min，若无渗漏可继续补压至实验压力，5 min 内压降不超过 0.05 MPa 为合格。

3）在施工结束后，服务商应提供完整的工程档案。

三、质量验收及检验

质量验收及检验参照《建筑装饰装修工程质量验收规范（GB 50210—2011）》、《住宅室内装饰装修工程质量验收规范》（JGJ/T 304—2013），以及有关

室内采暖工程质量验收规定执行。

思考与练习

1. 地暖的验收要点有哪些?

2. 如果你的家装修时要安装地暖，请你选择一款地暖并简要说明选择的主要根据。

第五章　室内燃气系统安装

学习目标

1. 了解室内燃气管道施工图的组成。
2. 熟悉室内燃气管道施工图的设计原则。
3. 能识读燃气管道施工图。
4. 熟悉燃气系统的安全常识。
5. 能配合进行室内燃气管道系统安装质量检验及漏气检查。

第一节　室内燃气管道施工图识读

一、室内燃气管道施工图组成

1. 图样目录

包括设计图的全部图样目录。

2. 材料目录

包括表具、燃具及管道材料等，分类、分项列出。

3. 平面布置图

（1）准确表示引入管的位置，标明与建筑物的相对位置。

（2）室内管道、表具、灶具平面位置，标明与建筑物轴线的相对尺寸。

（3）周围相邻管子和构筑物平面位置，标明相邻管子的管中心尺寸。

（4）标明安装阀门的平面位置及特殊管道附件（如放散管等）的平面位置等。

如图 5—1—1 所示，从平面图中可以读出预留穿墙套管离 D 轴线 2 200 cm，中心标高为 -1.400 m，管道为 DN65，同时在图中也可以看出配件安装的顺序。

燃气管道和电气设备相邻管道之间的净距以及燃气钢管固定件的最大间距必须符合表 5—1—1、表 5—1—2 的规定。

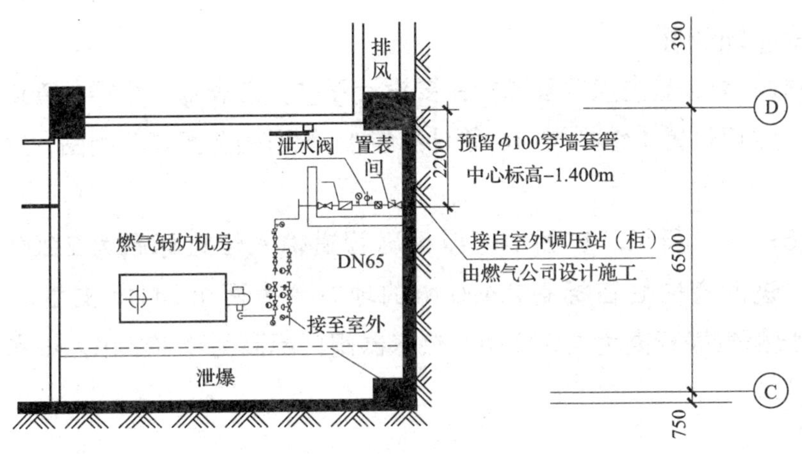

图 5—1—1　锅炉房平面图（1：100）

表 5—1—1　燃气管道和电气设备相邻管道之间的净距

管道和设备		与燃气管道净距(cm)	
		平行敷设	交叉敷设
电气设备	明装的绝缘电线或电缆	25	10(或电线的绝缘套管的两端应伸出燃气管道 10 cm)
	暗装的或放在管子中的绝缘电线	5(从所做的槽或管子的边缘算起)	1
	电压小于 1 000 V 的裸露电线的导电部分	100	100
	配电盘或配电箱	30	不允许
相邻管道		应保证燃气管道和相邻管道的安装、安全维护和修理	2

表 5—1—2　燃气钢管固定件的最大间距

管道公称直径(mm)	无保温层固定件的最大间距(m)	管道公称直径(mm)	无保温层固定件的最大间距(m)
15	2.5	100	7
20	3	125	8
25	3.5	150	10
32	4	200	12
40	4.5	250	14.5
50	5	300	16.5
65	6	350	18.5
80	6.5	400	20.5

4. 管道轴测图

管道轴测图是室内燃气管道的主要设计图样，它表示了管径、管道走向、坡向、高程、平面位置（包括阀门、管件布置）。管道轴测图是三视图，绘制时应按比例。

如图 5—1—2 所示，在图中可以读出管道输入位置标高为 2.200 m，主管为 DN20，进入室内后在标高 2.400 m 的地方分为两个 DN15 支管，同时也可在图中读出燃气表标高为 1.600 m，热水器阀门标高为 1.200 m，热水器标高为 1.400 m。

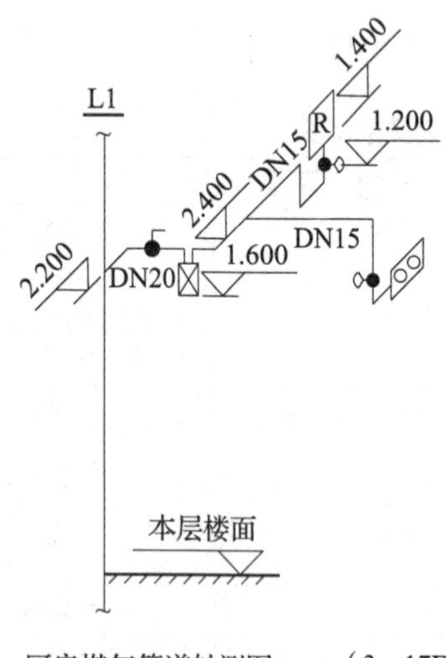

厨房燃气管道轴测图　（3－17F）

L5立管与此图相同
L4、L8立管与此图对称
3F的L4、L5立管见右图

图　例

符号	名称
	燃气管
	埋地燃气管
	球阀
	紧接式转心阀
i=0.003	管道坡向及坡度
	燃气双眼灶
	燃气表
R	燃气热水器

图 5—1—2　厨房燃气轴测图

室内燃气管道与其他管道共同敷设时，其净距应满足下列要求：

（1）呈水平平行敷设时，净距一般不小于 100 mm。

（2）呈竖向平行敷设时，净距一般不小于 50 mm。

（3）呈交叉敷设时，净距一般不小于 10 mm。

燃气管道穿越水泥楼板，应设置在套管中，套管的上端应高出楼板 80 ~ 100 mm，下端与楼板平齐，套管与燃气管道之间应用沥青和油麻填实。

二、燃气管道施工图设计原则

1. 室外明支管及进户管设计原则

（1）明支管不得架空跨越，总弄管道公称直径不得小于 25 mm，跨越部分净空高度不得小于 3 m。支弄高度大于 5 m 时或遇特殊情况不能设置架空管时，支管必须回地埋设。

（2）明支管不得穿越窗和门，也不得设置在不牢靠的建筑物上。

（3）明支管与电线平行设置时，应设置在电线的下方，相隔距离一般应大于 300 mm。

（4）支管应坡向干管，坡度不小于 3 / 1 000。

（5）公称直径大于 DN25 的横向支管不得贴墙敷设，应设置在特种的角钢支架上，设置在雨篷上的横向支管不应紧贴雨篷，应有不小于 50 mm 的间距。

（6）延伸支管的口径不得大于原有支管的口径，支管口径需小于燃气表进口口径。

2. 室内燃气管道的设计原则

（1）室内燃气管道不得设计在下列场所：

1）卧室、公共浴室、厕所及地下室。

2）机要室和人员不便及不宜进入的场所。

3）有易燃易爆物品的场所或有腐蚀性气体、液体以及放射性超过安全量的场所。

4）配电间、变电室和电缆的通道内。

5）正在使用的烟道和进风道及不使用燃气作燃料的锅炉房。

（2）室内燃气管道必须穿过无燃气燃具的公共浴室和穿越水斗以及卧室时，必须设置在套管中，套管的长度应超出穿越部位两端 30 ~ 50 mm，且套管在穿越部位无接口。

（3）尽量采用长管，管道的直径不得小于 DN20。

（4）管道在变换口径时，应采用变径接头，不宜采用内外螺纹接头。

思考与练习

1. 室内燃气管道与其他管道共同敷设时，其净距应满足哪些要求?

2. 室内燃气管道不能设计在哪些场所?

第二节　燃气系统安装与安全使用

管道燃气是指用管道把燃气从气源站输送到千家万户，管道燃气的气源可以是煤制气、液化石油气、液化气掺混空气或天然气等。

一、管道燃气室内设施（图 5—2—1）

1. 用户球阀

用户球阀也称表前阀，是气源总开关，用于控制燃气的通和断。外出和晚间入睡前应牢记关闭球阀。

2. 调压器

调压器的作用是将进户的燃气压力调低到适合燃气具使用的范围。

3. 燃气表

燃气表是计量用户用气量的设备。

4. 灶前气嘴

灶前气嘴也称灶前阀，是连接户内燃气管与输气软管的阀门，每次用完燃气后，应及时关闭。

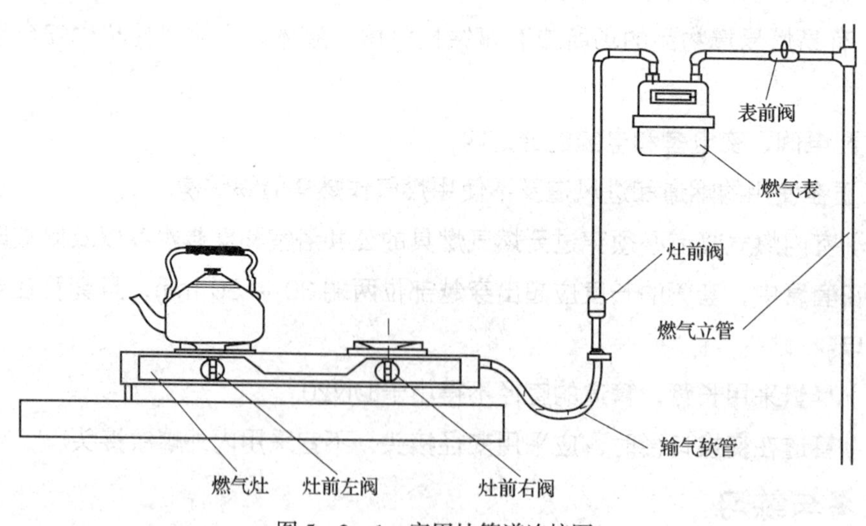

图 5—2—1　家用灶管道连接图

管道燃气用户如遇供气突然中断，应将燃气具开关、灶前气嘴和用户球阀全部关闭，并立即通知供气单位。直至接到正常供气的通知，方可继续开启使用。

二、管道燃气的户内安装注意事项

1. 燃气管道及设施的安装，必须由有相应资质的安装单位专业人员施工。

2. 已经安装使用管道燃气的住宅，用户不得自行改动供气设施。若因装修等原因需变动，必须向供气单位申请，并由专业人员施工。

3. 引入室内的燃气管道、球阀、调压器、流量表、灶前阀门等燃气设施应明设，不得封闭，并应便于检查、维修。

4. 建、构筑物内部的燃气管道应明设，不准埋墙和埋地板、楼板暗设，严禁擅自改装、迁移、拆卸、封闭管道燃气设施。

5. 燃气管道严禁引入卧室，也不准穿越卧室、浴室和地下室。

6. 室内燃气管道应使用国家标准的镀锌钢管，不准使用塑料管。

7. 不准在燃气管道上悬挂杂物。

8. 居室内的热水供应，可安装公用热水器，安装位置在阳台最佳（如厨房近旁的阳台），也可安装在厨房内，以及符合安装热水器安全条件的公用浴室内。热水器的出口热水可用保温水管（如铝塑管等）在室内暗埋敷设到各热水使用点，包括套房卫生间、公用卫生间、厨房等。各热水使用点再以冷水配合调节水温供使用。

9. 初次使用管道燃气不能自行点火，应向供气单位申请使用，由供气单位进行户内查漏、试点火均合格，并宣传安全使用注意事项后，方可使用。

三、管道燃气的安全使用

1. 使用燃气具的室内应保证通风良好，防止烟气中的一氧化碳中毒。

2. 使用完燃气，应先关闭灶前阀门，后关闭灶具的点火旋钮，以烧尽输气软管中存留的燃气。

3. 装有燃气设施的屋内严禁住人。

4. 使用管道燃气的房间不得同时使用其他火源。

5. 燃气管道内严禁混入空气、液体或其他异物。

6. 连接管道燃气具的胶管长度不应超过 2 m，胶管两端应用扣码锁紧；严禁胶管穿墙、穿楼板或穿门窗用气。

7. 要经常查看胶管有无脱落、老化，如有应及时更换，以免发生漏气。

8. 若发现漏气，正确的检漏方法是用肥皂水涂抹在可能漏气的地方，若连续起泡，就可以断定此处是漏点，绝对禁止用明火检漏。

9. 不得在燃气设施上搭挂物品，不得将燃气管道作为家用电器接地线。

10. 当发现燃气设施泄漏或断气时，立即关闭所有阀门，并通知供气单位。

11. 长时间不使用燃气时（如外出探亲、旅游等），切记关闭燃气表前的阀门。

12. 使用燃气的家庭最好安装可燃气体泄漏报警器，当周围出现燃气泄漏时，可以及早采取避险措施。

思考与练习

1. 管道燃气安装注意事项有哪些?
2. 管道燃气使用注意事项有哪些?

第六章　室内通风空调系统安装

学习目标

1. 熟悉通风系统主要设备。
2. 能配合完成通风系统主要设备及构件安装。
3. 能配合完成建筑通风系统的安装质量检测。
4. 熟悉空气调节系统常用设备。
5. 能配合完成通风系统主要设备及构件安装。
6. 能配合完成建筑通风系统的安装质量检测。

第一节　通风系统常用设备与构件安装

新风系统（图 6—1—1、图 6—1—2）由风机、进风口、排风口及各种管道和接头组成。安装在吊顶内的风机通过管道与一系列排风口相连，风机启动，室内受污染的空气经排风口及风机排往室外，使室内形成负压，室外新鲜空气便经安装在窗框上方（窗框与墙体之间）的进风口进入室内，从而使室内人员可呼吸到高品质的新鲜空气。

一、功能介绍

1. 换气功能

供给人们呼吸所需要的新鲜空气，排出被污染的空气，让室内全天保持舒适。

2. 除臭功能

换气扇能迅速排除由于各种原因引起令人不适的臭味，制造一个舒适的环境。

3. 除尘功能

漂浮在空气中的灰尘里附有许多肉眼看不到的细菌，所以要驱走居室、工作场所里的尘埃，创造一个舒适的环境。

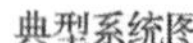

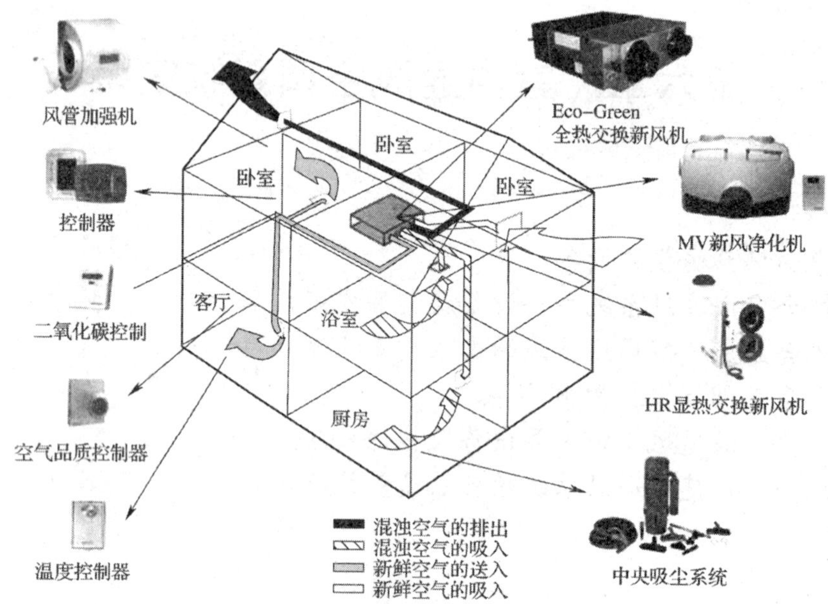

图 6—1—1　新风系统示意图

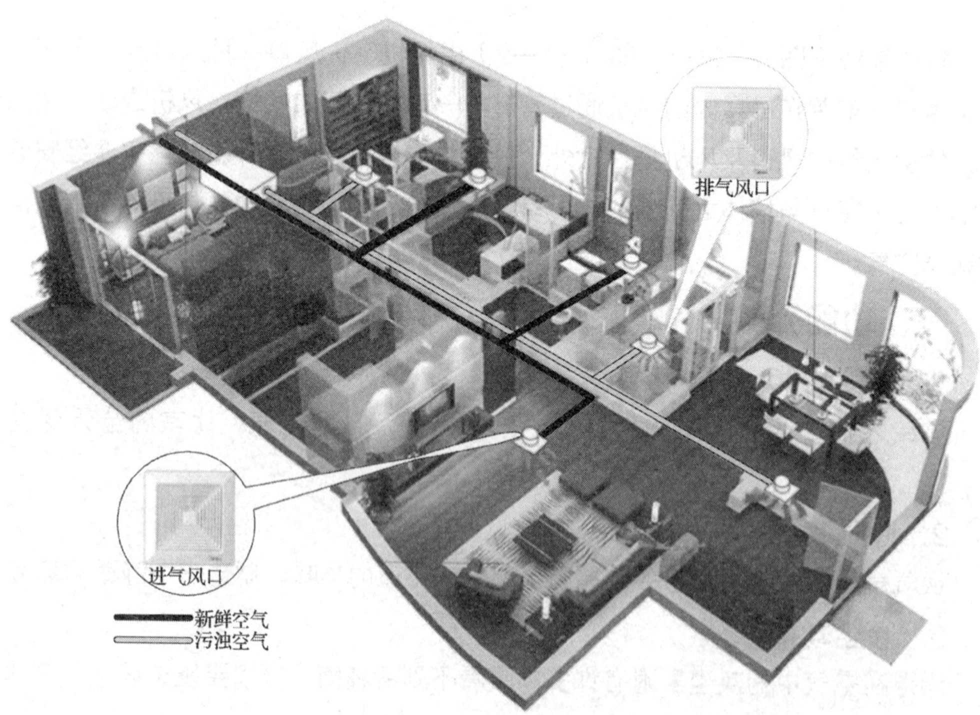

图 6—1—2　新风系统效果图

4. 排湿功能

居室里的湿气不仅来自浴室，人体和燃具也会释放出水分，而且，现在建筑密闭性更好，更易出现暖房等因结露而发霉，床和墙被腐蚀的问题，所以用换气扇经常除去室内的湿气，能使居室和人保持舒适和健康。

5. 调节室温

夏天的夜晚，用换气扇驱走室内的热气，把外面凉爽的空气替换进来。冬天进行全热交换减少室内温度降低，改善取暖效果。

二、中央新风系统安装（图 6—1—3）

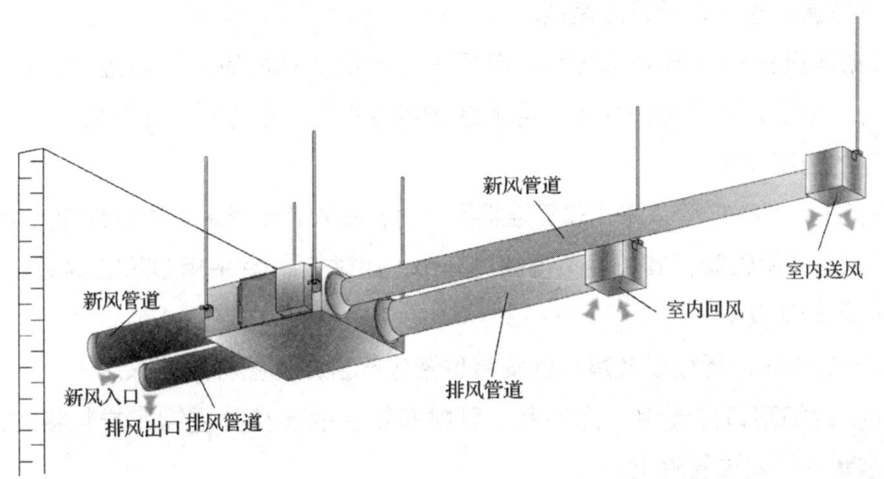

图 6—1—3　中央新风系统安装示意图

1. 安装主要流程

在现阶段装修行业中，中央新风系统都是从厂家购买的成品，它的安装和调试全部由厂家直接进行，所以在这里主要介绍安装的操作流程。

（1）联系设备生产厂家安排技术人员测量现场，根据现场的实际情况设计中央新风系统的安装设计方案。

（2）使用单位或个人与厂家确认设计方案。

（3）在业主做完水电改造后，预留电源、开关盒到主机线管。安装人员进场安装主机、风管等，测试设备。

（4）在墙壁粉刷完毕后，安装人员再次到现场，安装风口、开关，整个系统安装结束。

2. 安装注意事项

（1）主机安装

1）根据通风主机的外形尺寸，制作通风主机的固定框架，并做防锈处理。

2）将主机水平安装于房屋顶面，尽量靠近连接吸风口的厅室。

3）通风主机与固定框架固定时，中间采用橡胶防震块做避震处理。校准通风主机固定框架水平，无扭曲。

4）在通风主机安装位置附近应留有足够的空间，以便于维修和保养；家用型新风主机安装在吊顶内时，其附近应留有 450 cm × 450 cm 的检修口一个，检修口预留位置应便于检修，上方无遮挡。

5）根据通风主机的电动机功率、电压进行电源线的配置。电源应独立供给，接线应正确、坚固，并有良好接地。电源线应绝缘良好，不得裸露在外面。通风主机应有独立的控制装置。

6）风管采用 UPVC 管，采用软管连接风口时，其软管长度最好不超过 35 cm。

7）排风管采用软管，其长度不得超过 5 m，超过 5 m 宜采用 UPVC 风管。

（2）通风管道安装

1）管道的走向、管径以及风口的安装位置应符合设计图样的要求。

2）管材的切割口应光洁、无毛刺。管材和管件的连接处应铆牢或粘接牢固，无残余胶水留在管材或管件上。

3）管路的安装应做到横平、竖直。管材内径清洁无杂物。

4）UPVC 管路应采用支吊架进行固定。如采用抱箍，则其内面应紧贴管外壁。支架与管道应固定稳固，无松动。

5）所有管路经过的墙孔，一律采用机械打孔机开孔，严禁未经同意擅自改变孔径与位置。

6）可伸缩性金属或非金属软风管的长度不宜超过 5 m，并不得有死弯及塌凹。

7）风口与风管的连接应严密、牢固；边框与建筑饰面贴实，外表面平整不变形。同一厅室、房间内风口的安装高度应一致，排列应整齐。

（3）通风系统的风口安装

1）进风装置四周必须采用发泡剂填充密封，并做好防水处理。

2）排风口安装时，选择距主机较近并可以与室外相通处开孔，穿墙孔规格为130 mm。安装墙体过桥（L=350 mm）并打泡沫剂进行密封，墙体过桥应与外墙面平齐。防雨型排风口与墙体过桥的连接处采用 PEF 胶带做中间过渡，排风口安装应正确、平整、严密、美观。

3）厨房间的吸风口位置应远离灶台。

4）进风装置应设在室外空气较洁净的地点。

5）管路材料采用 UPVC 管与复合软管相结合的施工方法，适用于通风主机。

三、质量控制与验收

质量验收及检验参照《建筑装饰装修工程质量验收规范》（GB 50210—2011）、《住宅室内装饰装修工程质量验收规范》（JGJ/T 304—2013），以及有关室内通风与空调质量验收规定执行。

思考与练习

1. 新风系统主机安装注意事项有哪些？
2. 新风系统管道安装注意事项有哪些？
3. 新风系统风口安装注事项有哪些？

第二节　空气调节系统常用设备安装

空气调节简称空调，是指用人为的方法处理室内空气的温度、湿度、洁净度和气流速度的技术，可使某些场所获得具有一定温度和一定湿度的空气，以满足使用者及生产过程的要求和改善劳动卫生和室内气候条件。一般比较合理的流程是：先使外界空气与控制温度的水充分接触，达到相应的饱和湿度，然后将饱和空气加热使其达到所需要的温度。当某些原始空气的温度和湿度过低时，可预先进行加热或直接通入蒸汽，以保证与水接触时能变为饱和空气。图 6—2—1 是室内装修中央空调的平面布置图。

一、空气调节系统常用设备

一个典型的空调系统应由空调冷源和热源、空气处理设备、空调风系统、空调水系统、空调的自动控制和调节装置这五大部分组成。

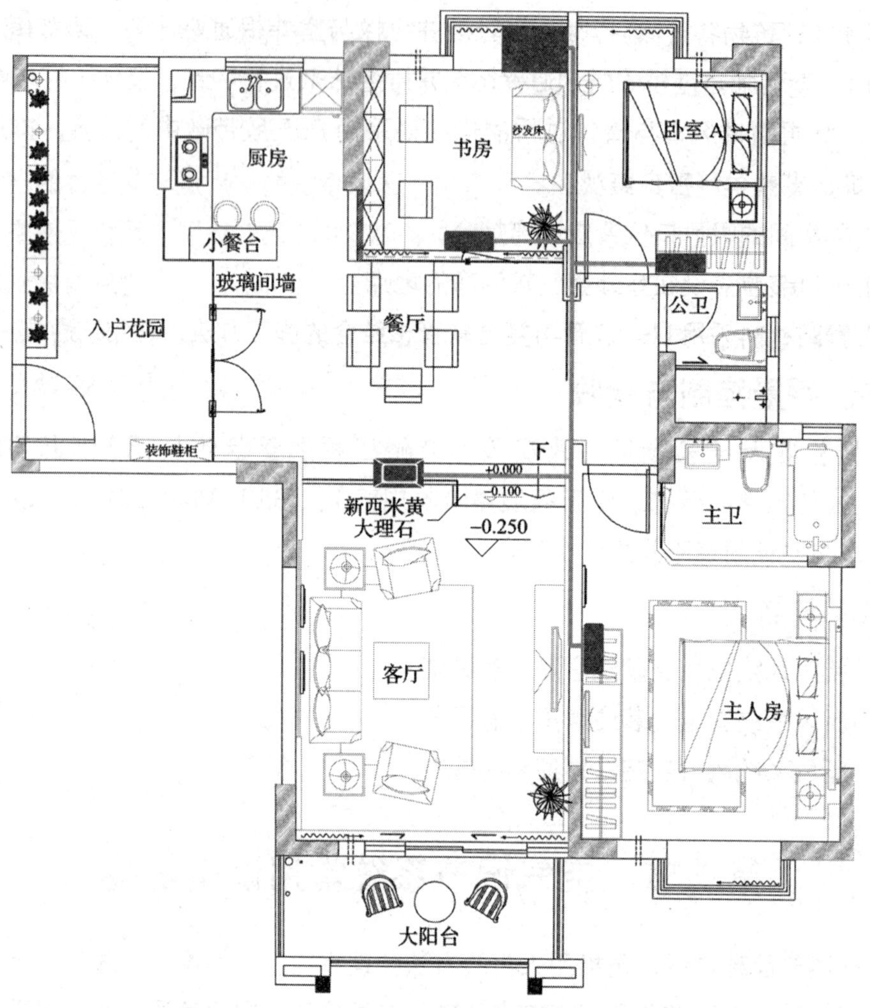

图 6—2—1　室内装修中央空调的平面布置图

1. 空调冷源和热源

冷源的作用是为空气处理设备提供冷量以冷却送风空气。常用的空调冷源是各类冷水机组，它们提供低温水（例如 7℃）给空气冷却设备，以冷却空气。也有用制冷系统的蒸发器来直接冷却空气的。热源的作用是提供加热空气所需的热量。常用的空调热源有热泵型冷热水机组、各类锅炉、电加热器等。

2. 空气处理设备

空气处理设备的作用是将送风空气处理到规定的送风状态。空气处理设备（也称空调机组）可以集中于一处，为整幢建筑物服务（小型建筑物多采用），也可以分散设置在建筑物各层面。常用的空气处理设备有空气过滤器、空气冷却器（也称表冷器）、空气加热器、空气加湿器和喷水室等。

3. 空调风系统

空调风系统包括送风系统和排风系统。送风系统的作用是将处理过的空气送到空调区，其基本组成部分是风机、风管系统和室内送风口装置。风机是使空气在管内流动的动力设备。排风系统的作用是将空气从室内排出，并将排风输送到规定地点，可将排风排放至室外，也可将部分排风送至空气处理设备与新风混合后作为送风。重复使用的这一部分排风称为回风。排风系统的基本组成是室内排风口装置、风管系统和风机。在小型空调系统中，有时送排风系统合用一个风机，排风靠室内正压，回风靠风机负压。

4. 空调水系统

空调水系统的作用是将冷媒水（简称冷水或冷冻水）或热媒水（简称热水）从冷源或热源输送至空气处理设备。空调水系统的基本组成是水泵和水管系统。空调水系统分为冷（热）水系统、冷却水系统和冷凝水系统三大类。

5. 空调的自动控制和调节装置

由于各种因素，空调系统的冷热负荷是多变的，这就要求空调系统的工作状况也要有变化。所以，空调系统应装备必要的控制和调节装置，借助它们可以（人工或自动）调节送风参数、送排风量、供水量和供水参数等，以维持所要求的室内空气状态。

二、空气调节系统的安装工艺

现阶段装修行业中主要安装的空调有两种，分别是分体式空调和中央空调。由于分体式空调安装比较简单，所以本节主要介绍中央空调系统的安装流程。在装饰施工过程中，中央空调一般都是使用方向厂家购买成品，由厂家负责安装。所以下文简单介绍大致的安装过程。

1. 安装前准备工作

中央空调要提前在装修准备阶段就规划好，根据房型和使用面积等事先确定好内机安装位置，同时根据内外机安放位置来设计强电线走向，并在水电排线时排好所需使用的强电线，一般在水电工进场后即可安排厂家上门安装。

2. 安装步骤及注意事项

（1）内机就位（图6—2—2）。第一步是吊装内机，安装过程中要注意两点：

1）内机离房顶距离不得小于 1 cm，避免机器运行时与墙顶产生共振。

2）内机必须吊装于水平位置，安装后需要用专用工具测量机器是否水平。

（2）冷媒铜管的安装（图 6—2—3）。安装完内机即可安装冷媒铜管，这是中央空调安装过程中最重要的一个环节。所有的焊接点应该位于铜管与分支管的连接处，不存在铜管与铜管焊接。在焊接过程中必须在铜管内充入氮气（充氮焊接工艺），使铜管内部没有空气以避免由于焊接使内壁结炭，从而在正式运转时进入压缩机而产生故障。焊接完成后应该用高压氮气进行管内吹灰，保持铜管内清洁。

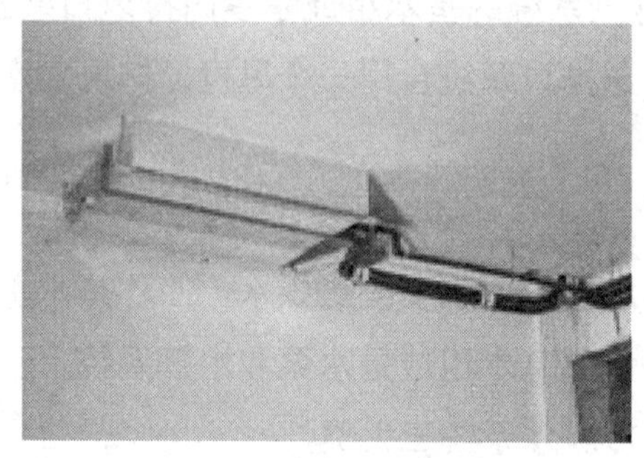

图 6—2—2　空调内机安装效果图

图 6—2—3　中央空调冷媒铜管的安装

（3）充氮保压。焊接完成后必须对铜管进行压力测试，往铜管内充入一定压力的氮气进行保压，一般压力测试时间为 24 h。需要特别说明：使用 R410 冷媒，需保持管内压力约为 3.9 MPa，R22 冷媒则需要保持管内压力约为 2 MPa。氮气是惰性气体，热膨胀系数小，几乎不存在由于热胀冷缩而产生的压力变化。如果测试过程中压力表读数有下降，则应该检查冷媒管焊接是否有问题。为了保证安装施工到位，所有压力表在常规 24 h 保压后不做拆除，保持到外机通电测试前才拆除（为避免其他装修施工时误损冷媒系统），以充分保证冷媒系统的安全运行。

（4）冷凝水管的安装。冷凝水管从室内机接出后至室外或地漏，至少保持 >1% 的坡度。质量较高的安装则是从室内机接出后，就近落地，最后会同其他冷凝水管一起接出至室外或地漏。

（5）安装外机（图 6—2—4）。做到外机风扇出风口必须在 50 cm 内，外机后部 15 cm 之内无遮挡物，所有落地脚必须安装减震块，保证外机运转正常。

（6）抽真空。外机安装完毕后在充填冷媒前需要对冷媒管进行抽真空，把管内的空气抽出，保持管内干燥、无水分，否则空气和水会与冷媒混合产生冰晶，严重时会造成设备损坏。规范：冷媒管需要连接上外机后进行操作；抽真空的时间一般多联机不少于 2 h，一拖一风管机不少于 20 min。

（7）充填冷媒。上述工作完成后，则可以开启冷媒阀，释放出外机内自带的冷媒，开机测试并检测压力，适当进行补充，直至调试完成，达到理想工作状态。

（8）风口测量安装。回风口：通常回风口会与检修口安装在一起（图 6—2—5），风口尺寸必须与内机回风口吻合，不能出现错位情况，这样才可以达到最佳回风量，并保证有足够的维修空间。出风口：若使用 ABS 风口，在测量风口时要留有一定的热胀冷缩空间。另外需注意，出风口一定不能装在灯带附近。如果出风口前有灯带，会造成空调在制热时遮挡出风，而热空气是往上的，使得热空气滞留房间的上部，从而整个活动空间感觉热量不足，需很长时间才能有热感。嵌入式或凹入吊顶内部的出风口，需注意检查吊顶是否完成，如果吊顶部分内有裂缝，造成漏风，会造成气流短路，出来的风未到达使用区域，已经回到空调内机了，影响使用效果。如果做下送下回风 / 侧送侧回风方式，则需保证出风口与回风口的间距在 1.2 m 左右。

图 6—2—4　中央空调外机

图 6—2—5　中央空调风口安装效果图

三、空气调节系统的安装验收规范

1. 进场验收的基本标准

（1）施工设计方案验收的基本标准

1）方案完整，图样齐全，符合相应的国家标准和规范。

2）方案满足客户的实际需求。

3）方案符合现场施工条件的要求，室内主机（风盘）安装位置设计合理，室外机的安装位置牢固可靠、通风良好，远离强热源和其他设备的排气口，且不违反物业管理的规定。

4）方案中管线路由设计合理，符合建筑施工规范的要求。

（2）系统设备验收的基本标准

1）进场的系统设备包装完整无损且符合合同规定。

2）设备的品牌、规格型号、数量与合同约定一致。

3）设备开箱后，根据装箱单清点核对全部零部件、附属材料和专用工具，并检查说明书、合格证、检验记录和必要的装配图及技术文件是否齐全。

4）设备及其零部件表面无缺损和锈蚀等情况。

5）设备用电规格与现场供电相一致。

（3）材料配件验收的基本标准

1）根据施工设计方案的材料及配件清单，核对主要材料及配件的品牌、名称、规格型号，其中标准材料及配件均应符合国家标准且相关证件齐全。对其他材料及配件可抽样检查。

2）材料及配件应没有破损及老化现象。

2. 隐蔽工程验收的基本标准

（1）室内机系统吊装验收的基本标准

1）室内机吊装水平。

2）吊装连接部位加有防震橡胶垫。

3）风阀安装规范。

4）水机系统的风盘安装规范。

（2）系统线路验收的基本标准

1）线槽横平竖直。

2）打孔规范标准。

3）使用设计规定的穿线管。

4）电源线及控制线缆为符合设计规格的国标线缆。

5）单相电源的相线宜用红色线（也可用蓝、黄线），零线用黑色线。三相电源的三根相线（A、B、C）应分别使用红、黄、绿颜色的线，零线用黑色线，接地线用黄绿双色线。

6）电源线与控制线应分别铺设，并标明分号线。

（3）风管道及水管道安装验收的基本标准

1）风管道安装的位置、标高及走向符合设计标准。

2）风管道的连接严密牢固，无死弯、损凹现象；风管道支、吊、托架的安装牢固、平直，不妨碍风口、阀门、检查门及自控机构的操作使用。

3）风管道固定支、吊架的间距标准：水平风管直径或长边尺寸小于 400 mm 时，风管支、吊架的间距应小于 4 m；水平风管直径或长边尺寸大于 400 mm 时，支、吊架的间距应小于 3 m。垂直风管的支、吊架的间距应小于 4 m，每根立管的固定件不应少于 2 个。

4）水管道的材料、直径符合设计要求。

5）水管道安装的坐标、标高和纵、横向的弯曲度应符合设计规定；管道吊装牢固，位置正确、平直，无明显偏差。

6）水管道固定支、吊架的间距标准

① PPR 管。当管径为 25 mm 时，间距小于 0.6 m；管径为 32 mm 时，间距小于 0.7 m；管径为 40 mm 时，间距小于 0.8 m；管径为 50 mm 时，间距小于 0.9 m。

②镀锌管。当管径为 20 mm 时，间距小于 2.0 m；管径为 25 mm 时，间距小于 2.0 m；管径为 32 mm 时，间距小于 2.5 m；管径为 40 mm 时，间距小于 3.0 m。

7）水管道与水泵、空调机组、风机盘管的连接必须采用弹性接管或软接管（金属或非金属软管），与其连接的管道应设置独立支架，连接应牢固，不得强行对口连接，不得有强扭或瘪管现象。

（4）冷凝水管安装验收的基本标准

1）冷凝水管的材料、直径符合设计要求。

2）冷凝水管的水平管应坡向排水口，坡度应大于或等于 8‰。

3）软管连接部分的长度不宜大于 150 mm。软管连接应牢固，不得有瘪管和强扭现象。

4）冷凝水管道固定支、吊架的间距标准：当管径为 25 mm 时，间距小于 1 m；管径为 32 mm 时，间距小于 1.2 m；管径为 40 mm 时，间距小于 1.4 m；管径为 50 mm 时，间距小于 1.6 m。

5）进行通水及存水试验，没有渗漏现象。

3. 竣工验收的基本标准

主机系统安装验收的基本标准如下：

（1）复查室内主机系统（风盘）的安装。

（2）室外机安装牢固，悬挂在外墙上的室外机，室外机与机架连接、机架与墙体的连接，必须紧密，必须保证质量和承受能力。

（3）室外机安装在屋顶平台上，应采取防水措施，机座安装位置高出地面 200 ~ 300 mm，机座周围设有排水槽。

（4）室外机与机座之间应加有橡胶减震垫，室外机的进出水口必须用软接头连接，且不允许室外机内管路受到较大扭力。

（5）室外机的安装保持水平。

（6）系统主机与制冷剂管道的连接密封完好，制冷剂管道应符合设计要求，不得出现裂纹、褶皱等缺陷。

思考与练习

1. 中央空调系统安装的基本流程是什么?
2. 空气调节系统安装验收的基本标准是什么?

第七章　卫生间厨房设备安装

学习目标

1. 熟悉卫生间设备安装的准备工作、安装方法、安装注意事项。
2. 能协助完成卫生间设备安装工作以及安装检验工作。
3. 熟悉厨房设备安装方法、安装注意事项以及质量检验及验收。
4. 能协助完成厨房设备安装工作以及安装检验工作。
5. 熟悉电热水器、燃气热水器以及太阳能热水器安装方法。
6. 能协助完成热水器安装工作以及安装检验工作。

第一节　卫生间设备安装管理

一、卫生间设备概述

1. 住宅卫生间卫生单元配套设备（表 7—1—1）

表 7—1—1　　住宅卫生间卫生单元配套设备

卫生单元种类	应安装的设备设施	其他设备设施
便溺单元	坐便器或蹲便器及冲洗装置	净身器、小便器、照明设备、换气设备、电源等
洗浴单元	淋浴装置或浴缸、地漏	照明设备、换气设备、电源等
盥洗单元	洗面器、水嘴	照明设备、电源等
洗涤单元	洗衣机专用水嘴、地漏	拖布池、电源等

2. 住宅卫生间卫生设备类别（表 7—1—2）

表 7—1—2　　住宅卫生间卫生设备类别

设备名称	结构形式	工作方式	安装方式	排污方向	按用水量分
坐便器	挂箱式 坐箱式 连体式 冲洗阀式	冲落式 虹吸式 喷射虹吸式 旋涡虹吸式	落地式 壁挂式	下排式 后排式	普通型 节水型
蹲便器	挂箱式 冲洗阀式	有反弯管 无反弯管	—	前排水 后排水	普通型 节水型
小便器	—	冲落式 虹吸式	落地式 壁挂式 斗式	—	普通型 节水型 无水型
洗面器	台式 立柱式 壁挂式	—	台上 台下 平板 明挂 暗挂	—	—
净身器	—	—	落地式 壁挂式	—	—
洗涤槽	—	—	台式 壁挂式	—	—

二、施工前准备工作

1. 技术准备

（1）认真审阅图样资料，相关技术资料齐备。

（2）对所要安装的卫生器具性能、技术要求已做了充分了解。

（3）根据卫生器具的性能、技术要求及设计图样，对相关作业班组进行技术交底。

（4）明确提出施工范围和质量标准，并据此定出合理可行的施工周期。

（5）施工方案（或样板间）通过批准。

2. 主要施工机具

套丝机、砂轮切割机、角磨机、冲击电钻、手电钻、管子钳、活动扳手、呆扳手、钢锯、手锤、錾子、剪刀、铲刀、旋具、锉刀、水平尺、角尺、钢卷尺、线坠等。

3. 施工作业条件

（1）所有与卫生器具连接的管道的试压、灌水试验已完毕，隐蔽部分已做记录，并办理预验手续。

（2）蹲式大便器应在其台阶砖筑前安装，浴盆应在土建完成防水层及保护层后进行安装。

（3）其余卫生洁具应待室内装修已基本完成后再进行安装。

（4）小便槽冲洗管、大便槽冲洗水箱待装修完后安装。

（5）根据设计要求，结合卫生洁具生产厂家的安装技术规定，确定卫生器具的安装方案、位置、标高。

（6）卫生器具选型符合要求，确认合格，并已送到现场。

三、与其他工种的配合

1. 与卫生器具相连的器具排水管口应用旧布、包装纸、封口胶带封堵好，以免装修中的杂质、污物坠入造成阻塞。与卫生器具相连接的冷、热水接口应临时用丝堵封堵（主要是暗埋管道），以免装修中损伤丝口或掉进杂物。待装修完后再进行卫生器具安装。

2. 安装好的卫生器具应注意保护。在交付使用前应用包装纸进行遮盖，防止粉刷、装修过程中将卫生器具弄脏。

3. 在已安装好的卫生器具上方进行其他工序施工时，为防重物坠落损伤卫生器具，应在卫生器具上方设有防重物坠落的保护措施。

4. 严禁将已安装好的卫生器具作为支撑点，踩、踏在上面进行施工。

5. 在已成型的墙、地面饰面层上钻孔，安装膨胀螺栓、挂钩时应注意保护墙、地面，以免造成划痕、裂纹甚至空壳现象。

6. 卫生间内进行回填时，回填物不允许任意抛甩，以免损伤卫生器具。

四、施工中应该注意的问题

1. 装修工程中所安装的地漏，大多为不锈钢型地漏，此部分地漏大多不符合水封高度要求，因此在施工时一定要注意选用水封高度大于 50 mm 的正规地漏或增设地漏排水管存水弯，以达到水封效果，避免室内卫生环境恶化。

2. 安装卫生器具镀铬配件时不得使用管子钳，以免镀铬表面遭破坏而影响美观。应使用活动扳手，必要时还应加垫层保护。

3. 蹲便器冲洗管进水处绑扎皮碗时，不得使用铁丝，应使用专用喉箍紧固或使用 14 号铜丝分两道错开绑扎并拧紧，且冲洗管连接处周围应填干砂，以便检修。

4. 自带水封式蹲便器、小便器等卫生器具，其器具排水管不宜再安装 S 形或 P 形存水弯，以免影响排水效果。

5. 各种卫生设备与地面或墙体的连接应用金属固定件安装牢固。金属固定件应进行防腐处理。当墙体为多孔砖墙时，应凿孔填实水泥砂浆后再进行固定件安装。当墙体为轻质隔墙时，应在墙体内设后置埋件，后置埋件应与墙体连接牢固。

6. 各种卫生器具与台面、墙面、地面等接触部位均应采用硅酮胶或防水密封条密封。

7. 各种卫生器具安装的管道连接件应易于拆卸、维修。排水管道连接应采用有橡胶垫片的排水栓。卫生器具与金属固定件的连接表面应安置铅质或橡胶垫片。各种陶瓷类卫生器具不得采用水泥砂浆窝嵌。

五、卫生间设备安装

1. 材料质量要求

（1）进入现场的卫生器具、配件必须具有中文质量合格证明文件，规格、型号及性能检测报告应符合设计要求或国家技术标准。进场时应认真检查验收，并向监理部门报验。

（2）包装应完好，表面无划痕及外力冲击破损。

（3）具有完整的安装使用说明书。

（4）在运输、保管和施工过程中，应采取有效措施防止损坏或腐蚀。

2. 施工顺序（图 7—1—1）

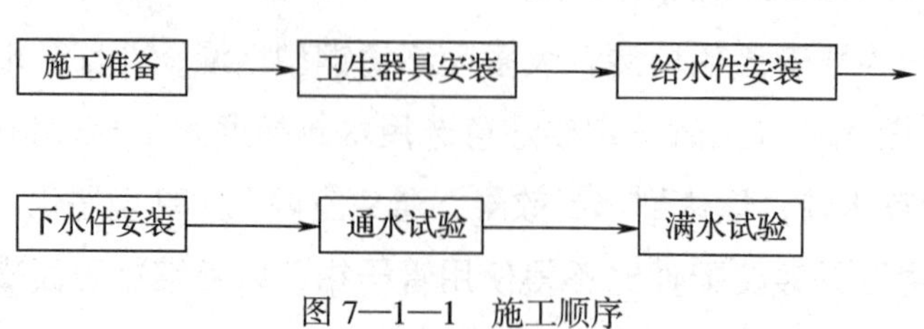

图 7—1—1　施工顺序

3. 安装技术规定

卫生器具安装应符合《建筑给水、排水及供暖工程施工质量验收规范》(GB 50242—2002)、《住宅装饰装修工程施工规范》(GB 50327—2001)、《建筑工程施工质量验收统一标准》(GB 50300—2001)及相关技术规程的要求。

一般规定：

(1)卫生器具的安装应采用预埋螺栓或膨胀螺栓安装固定。

(2)卫生器具安装高度如设计无要求时，应符合表 7—1—3 的规定。

(3)卫生器具给水配件的安装高度，如设计无要求时，应符合表 7—1—4 的规定。

表 7—1—3　　卫生器具的安装高度

<table>
<tr><th rowspan="2">项次</th><th rowspan="2" colspan="3">卫生器具名称</th><th colspan="2">卫生器具安装高度(mm)</th><th rowspan="2">备注</th></tr>
<tr><th>居住和公共建筑</th><th>幼儿园</th></tr>
<tr><td>1</td><td>污水池
(盆)</td><td colspan="2">架空式
落地式</td><td>800
500</td><td>800
500</td><td></td></tr>
<tr><td>2</td><td colspan="3">洗涤盆(池)</td><td>800</td><td>800</td><td rowspan="4">自地面至器具上边缘</td></tr>
<tr><td>3</td><td colspan="3">洗脸盆、洗手盆</td><td>800</td><td>800</td></tr>
<tr><td>4</td><td colspan="3">盥洗槽</td><td>800</td><td>500</td></tr>
<tr><td>5</td><td colspan="3">浴盆</td><td>≤ 500</td><td></td></tr>
<tr><td>6</td><td>蹲式大便器</td><td colspan="2">高水箱
低水箱</td><td>1 800
900</td><td>1 800
900</td><td>自台阶面至高水箱底
自台阶面至低水箱底</td></tr>
<tr><td rowspan="2">7</td><td rowspan="2">坐式大便器</td><td colspan="2">高水箱</td><td>1 800</td><td>1 800</td><td>自台阶面至高水箱底</td></tr>
<tr><td>低水
箱</td><td>外露排水
管式
虹吸喷射式</td><td>510
470</td><td>370</td><td>自台阶面至低水箱底</td></tr>
<tr><td>8</td><td>小便器</td><td colspan="2">挂式</td><td>600</td><td>450</td><td>自地面至下边缘</td></tr>
<tr><td>9</td><td colspan="3">小便槽</td><td>200</td><td>150</td><td>自地面至台阶面</td></tr>
<tr><td>10</td><td colspan="3">大便冲洗箱</td><td>≥ 2 000</td><td></td><td>自台阶面至水箱底</td></tr>
<tr><td>11</td><td colspan="3">妇女卫生盆</td><td>360</td><td></td><td>自地面至器具上边缘</td></tr>
<tr><td>12</td><td colspan="3">化验盆</td><td>800</td><td></td><td>自地面至器具上边缘</td></tr>
</table>

表 7—1—4　　卫生器具给水配件的安装高度

项次	给水配件名称		配件中心距地面高度（mm）	冷热水龙头距离（mm）
1	架空式污水盆（池）水龙头		1 000	—
2	落地式污水盆（池）水龙头		800	—
3	洗涤盆（池）水龙头		1 000	150
4	住宅集中给水龙头		1 000	—
5	洗手盆给水龙头		1 000	—
6	洗脸盆	水龙头（上配水）	1 000	150
		水龙头（下配水）	800	150
		角阀（下配水）	450	—
7	盥洗槽	冷热水上下并行，其中热水龙头	1 100	150
		水龙头		
8	浴盆	水龙头（上配水）	670	150
9	淋浴器	截止阀	1 150	95
		混合阀	1 150	
		淋浴喷头下沿	2 100	—
10	蹲式大便器（台阶面算起）	高水箱角阀及截止阀	2 040	
		低水箱角阀	250	—
		手动式自闭冲洗阀	600	—
		脚跳式自动冲洗阀	150	—
		拉管式冲洗阀（自地面算起）	1 600	—
		带防污煮冲器阀门（从地面算起）	900	—
11	坐式大便器	高水箱角阀及截止阀	2 040	—
		低水箱角阀	150	—
12	大便槽冲洗水箱截止阀（从台阶面算起）		≥ 2 400	—
13	立式小便器角阀		1 130	—
14	挂式小便器角阀及截止阀		1 050	—
15	小便槽多孔冲洗管		1 100	—
16	实验室化验水龙头		1 000	—
17	妇女卫生盆混合阀		360	—

4. 安装准备

（1）开箱检查待安装的卫生器具是否完好无损，有无色差情况，相配套的给水配件、下水配件是否齐备。

（2）操作面保持卫生，杂物应清理干净，脚手架、支架等已全部拆除。

（3）预留的上、下水口全部清理完全，墙、地面上待安装的标高、坐标已放线画出标示。

（4）所有机具齐备完好，临时电源已接到位。

5. 卫生器具安装

（1）洗脸（手）盆安装。安装要点如下：

1）洗脸（手）盆安装应在饰面装修已基本完成后进行，且进出水口留好位置，标高正确。暗埋管子隐蔽验收合格。

2）洗脸（手）盆安装，应以脸盆中心及高度划出十字线，将固定支架用防腐的金属固定件安装牢固。

3）安装在多孔砖墙、轻质隔墙上时，应进行加固。

4）洗脸（手）盆与排水栓连接处应用浸油石棉橡胶板密封。

5）当设计无要求时，其安装高度应符合表7—1—3和表7—1—4的规定。

洗脸（手）盆主要有托架式安装、背挂式安装、立柱式安装及带面板的台上式和台下式安装。

图7—1—2为单柄4″龙头背挂式洗脸盆安装图，图7—1—3为单柄单孔龙头背挂式洗脸盆安装图，图7—1—4为单柄4″龙头立柱式洗脸盆安装图，图7—1—5为单柄单孔龙头台上式洗脸盆安装图，图7—1—6为双柄单孔龙头台下式洗脸盆安装图。

（2）浴盆安装。安装要点如下：

1）土建完成防水层及保护层后即可安装浴盆，同时暗埋给水管道隐蔽验收应合格。进出水口留好位置，标高应正确。

2）浴盆应安装平稳，并且有一定坡度，坡向排水栓。

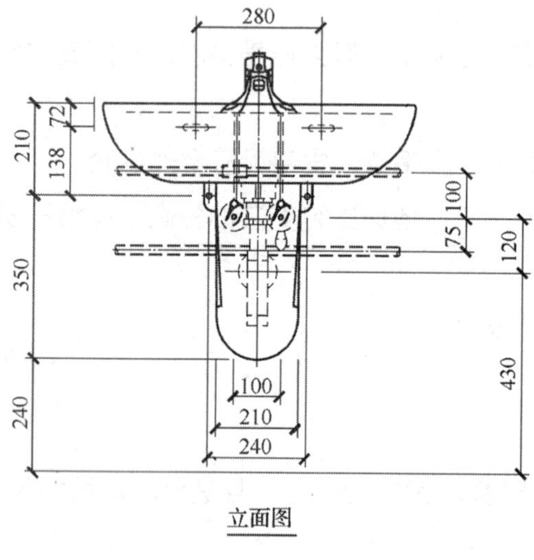

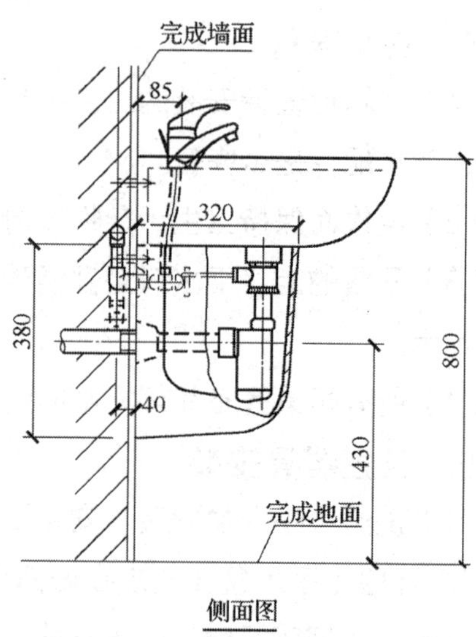

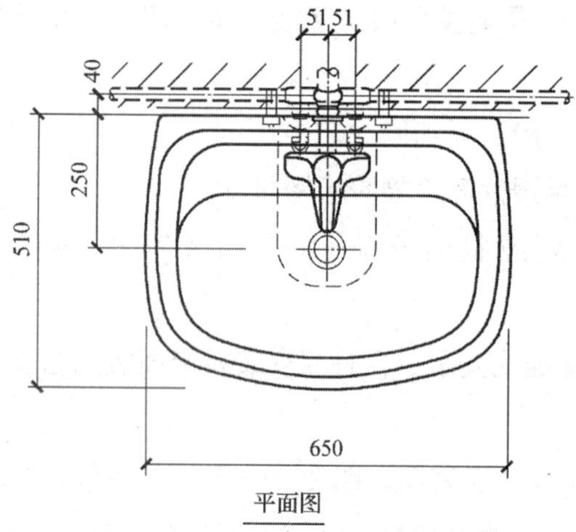

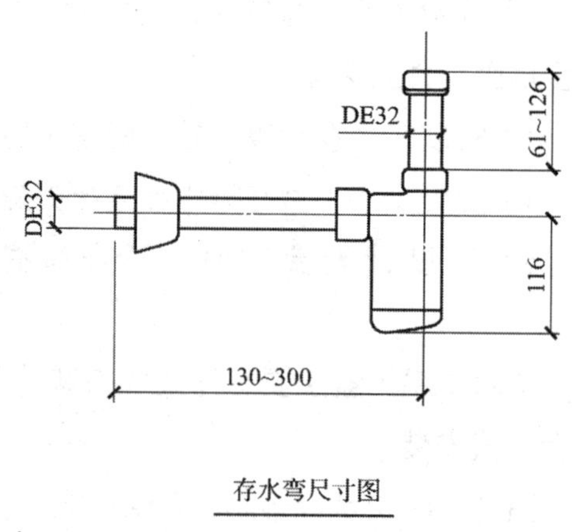

图 7—1—2　单柄 4″ 龙头背挂式洗脸盆安装图

3）浴盆的翻边和裙边待装饰收口嵌入瓷砖装饰面内后，将浴盆周边与墙面、地面的接缝处用硅酮胶密封。

4）有饰面的浴盆，应留有通向浴盆排水口的检修门。

5）当设计无要求时，其安装高度应符合表 7—1—3、表 7—1—4 的规定。

图 7—1—7 为单柄龙头普通浴盆安装图，图 7—1—8 为入墙式双柄龙头普通浴盆（同层排水）安装图，图 7—1—9 为单柄龙头裙边浴盆安装图，图 7—1—10 为双柄淋浴龙头方形淋浴房安装图。

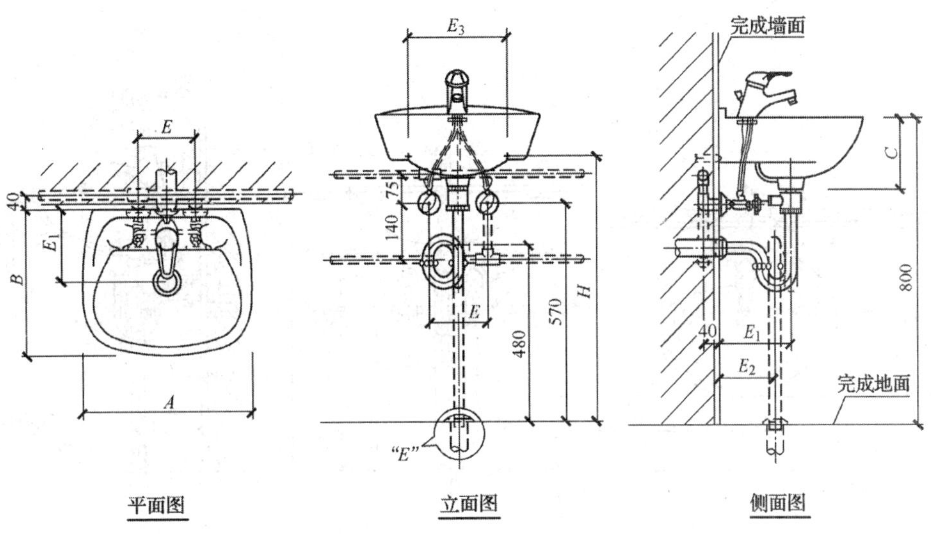

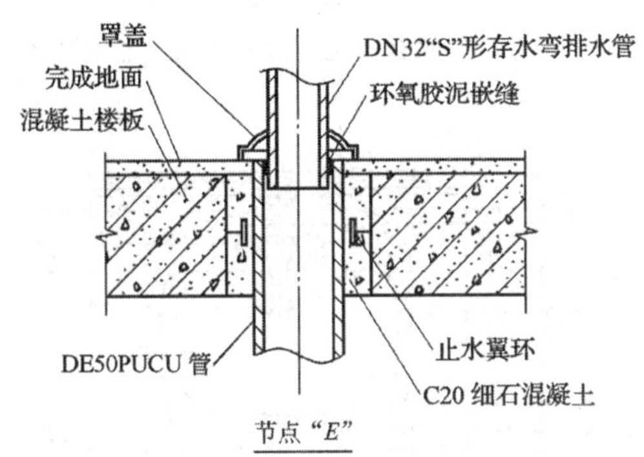

图 7—1—3　单柄单孔龙头背挂式洗脸盆安装图

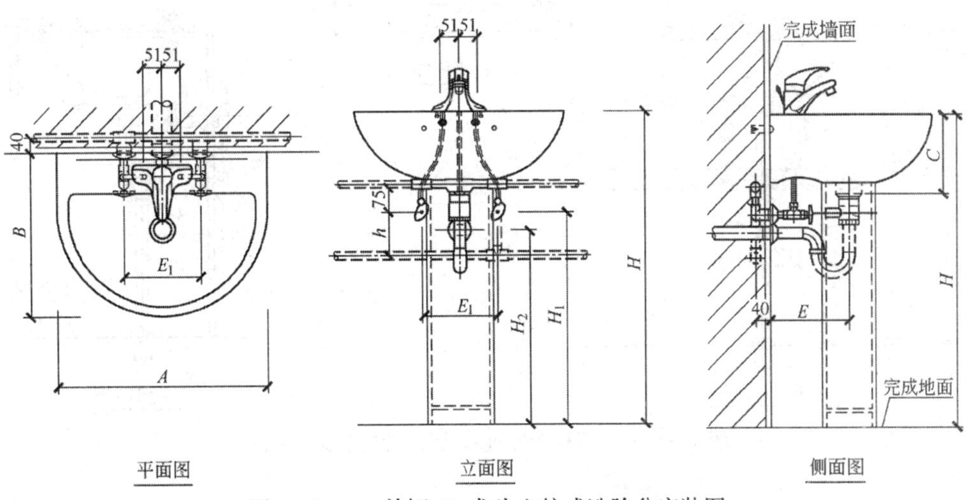

图 7—1—4　单柄 4″ 龙头立柱式洗脸盆安装图

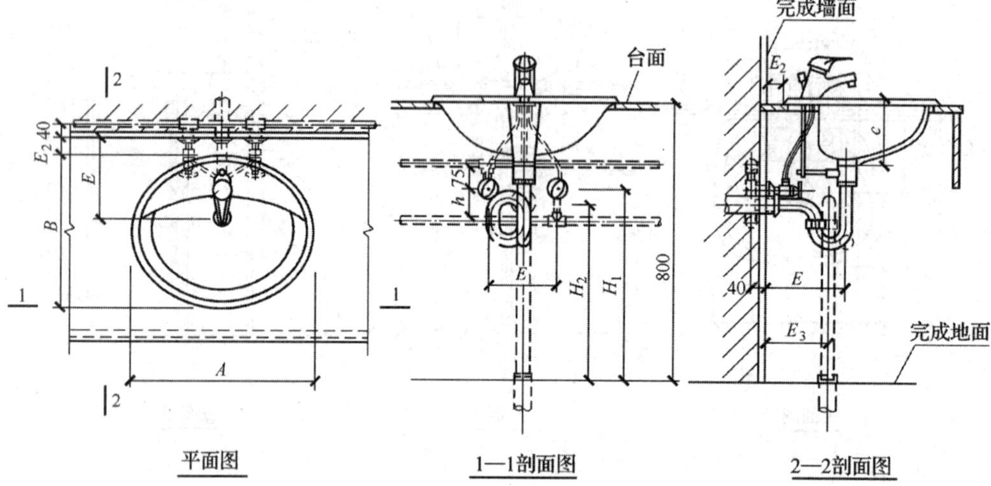

图 7—1—5　单柄单孔龙头台上式洗脸盆安装图

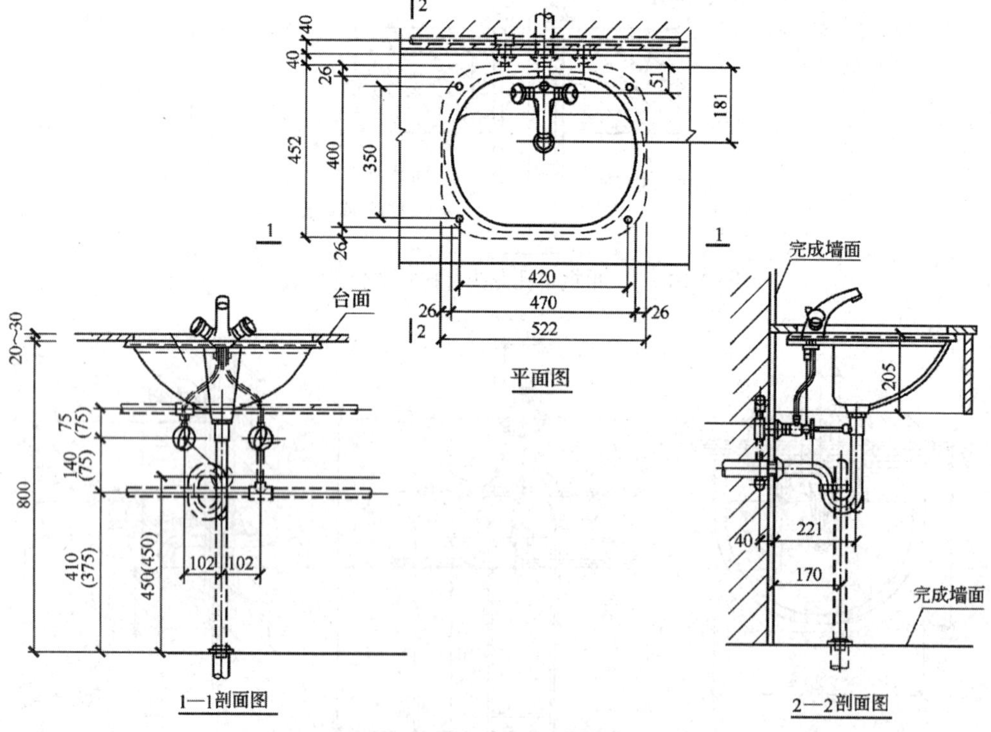

图 7—1—6　双柄单孔龙头台下式洗脸盆安装图

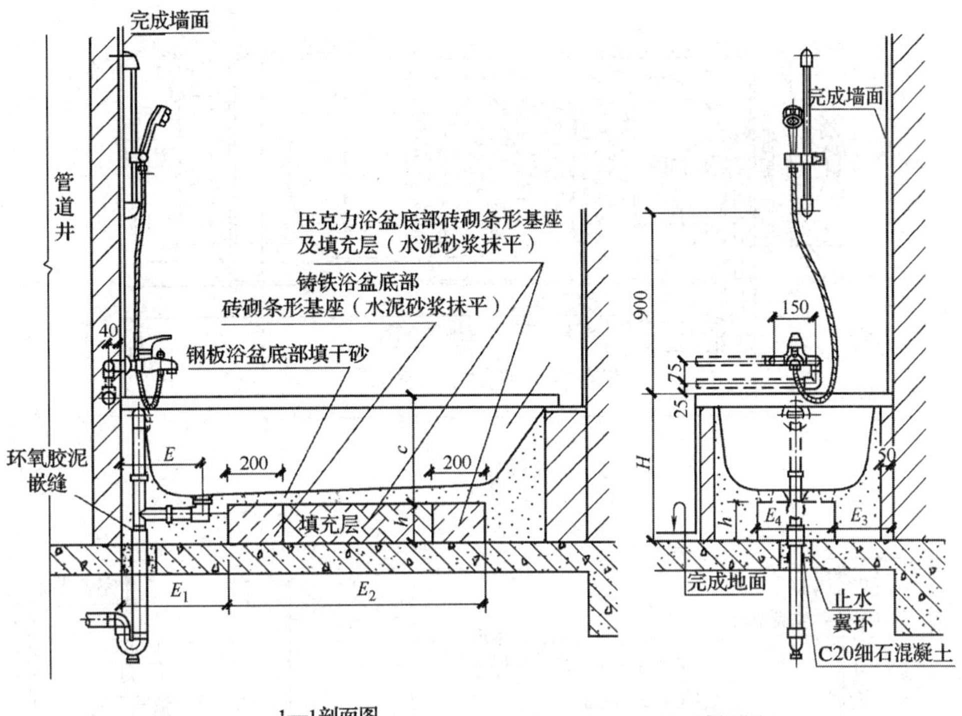

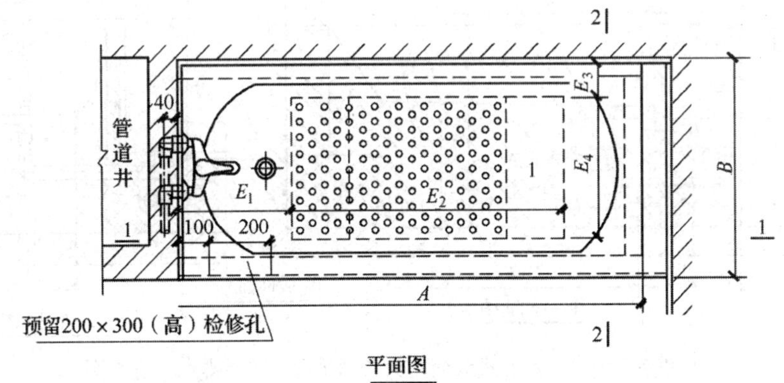

图 7—1—7　单柄龙头普通浴盆安装图

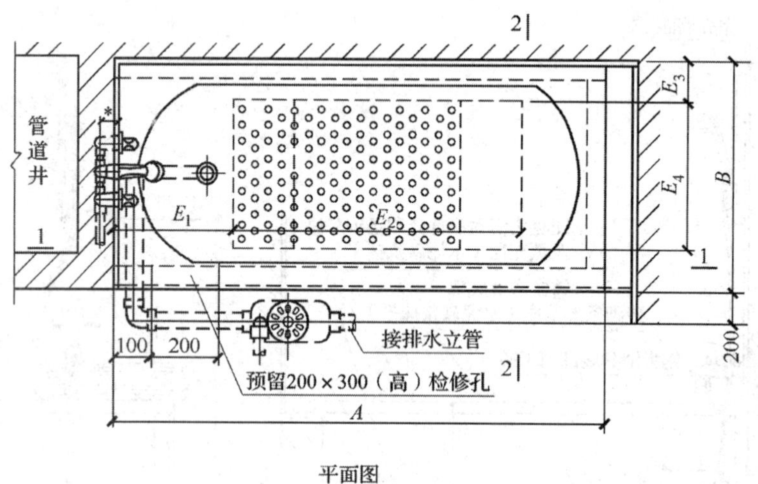

平面图

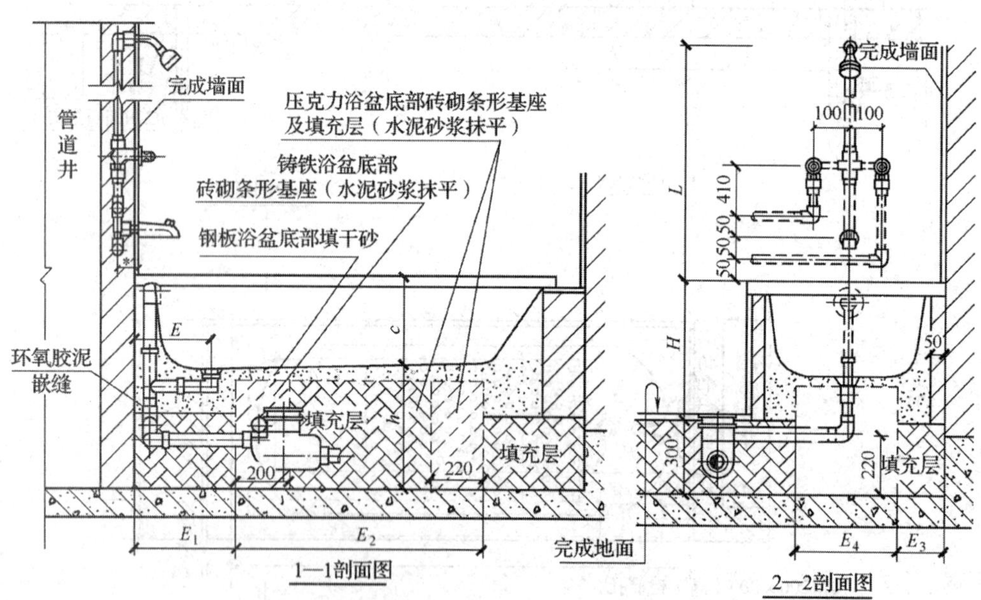

1—1剖面图

2—2剖面图

图 7—1—8　入墙式双柄龙头普通浴盆(同层排水)安装图

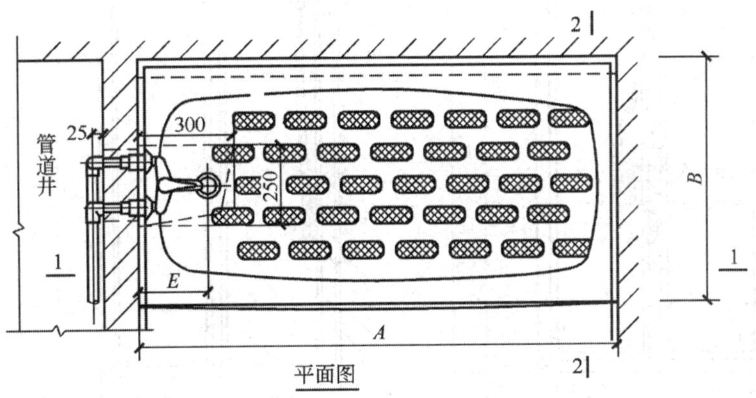

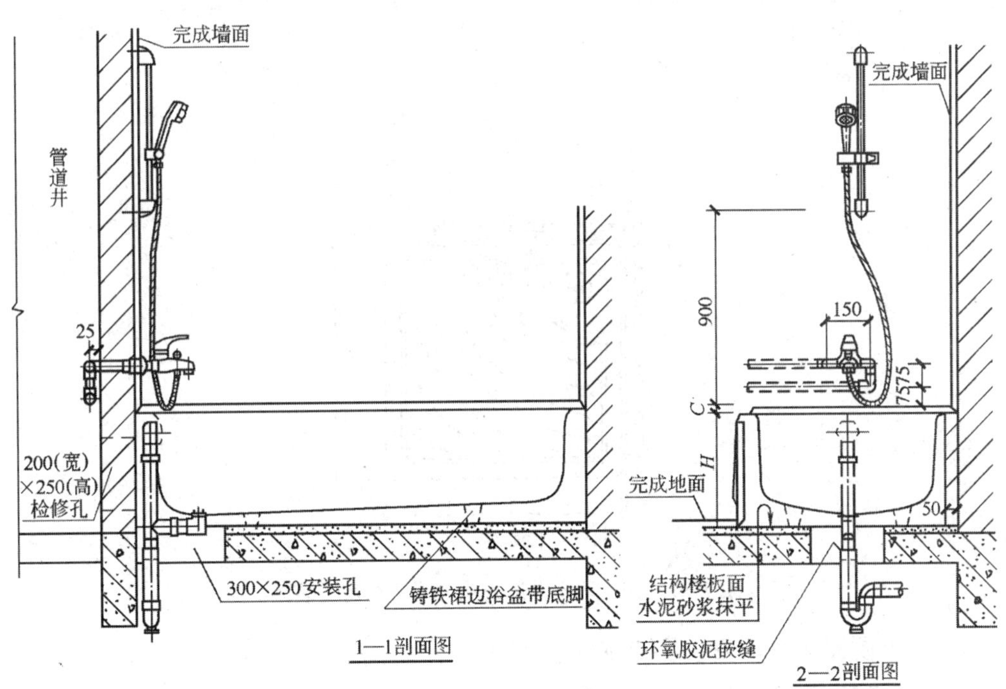

图 7—1—9　单柄龙头裙边浴盆安装图

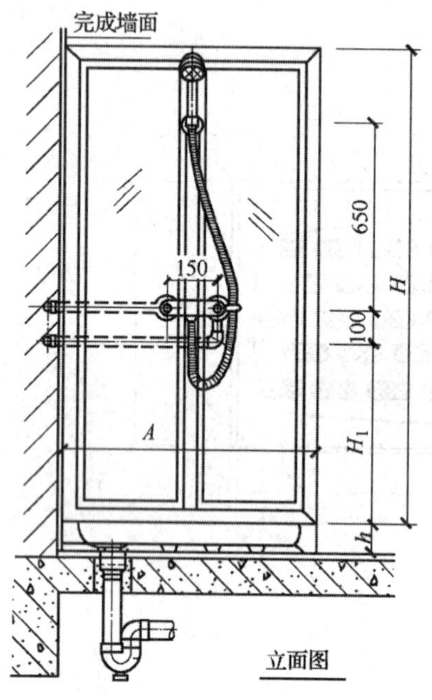

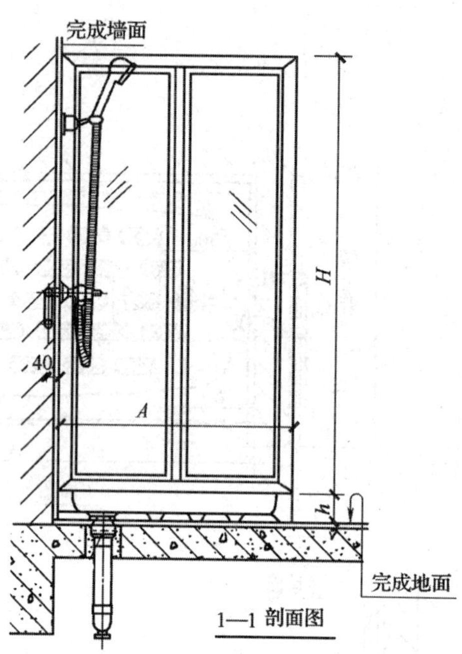

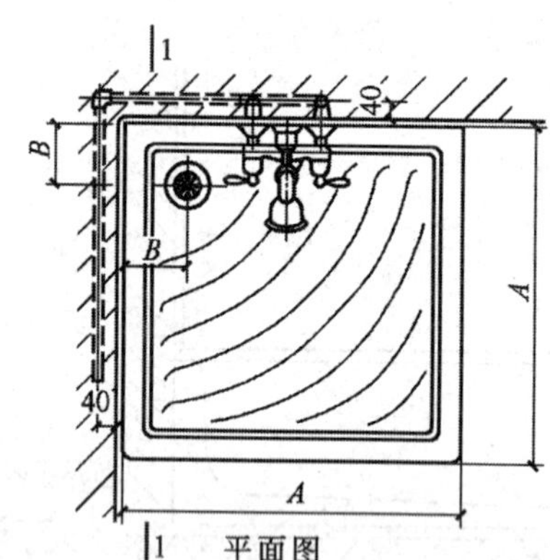

图 7—1—10　双柄淋浴龙头方形淋浴房安装图

（3）小便器安装。安装要点如下：

1）小便器给水管多为暗装，用延时冲洗阀或红外感应冲洗阀与小便器连接，因此其出水中心应对准小便器进出口中心。

2）暗埋管子隐蔽验收应合格，预留进出水口位置，标高正确。

3）在墙面上画出小便器安装中心线，根据设计高度确定位置，画出十字线，

将固定支架用防腐的金属固定件安装牢固。

4）安装在多孔砖墙、轻质隔墙上时，应按相关规定进行加固（落地式小便器除外）。

5）当设计无要求时，其安装高度应符合表 7—1—3、表 7—1—4 的规定。

图 7—1—11 为自闭式冲洗阀斗式小便器安装图，图 7—1—12 为自闭式冲洗阀壁挂式小便器安装图，图 7—1—13 为感应式冲洗阀壁挂式小便器安装图，图 7—1—14 为自闭式冲洗阀落地式小便器安装图。

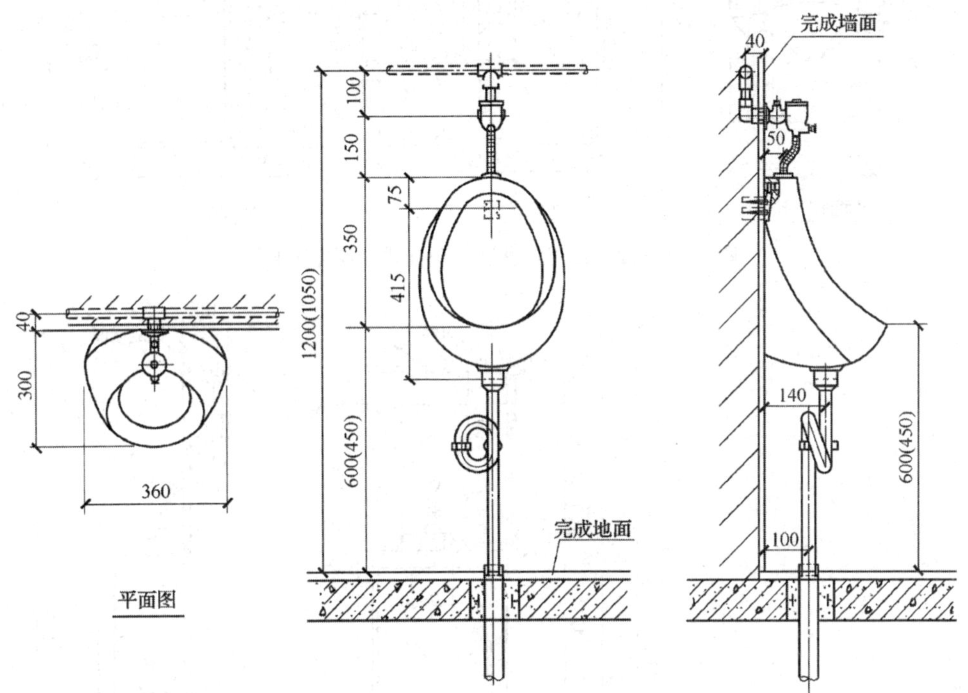

图 7—1—11　自闭式冲洗阀斗式小便器安装图

（4）大便器安装。安装要点如下：

1）坐式大便器的下水口尺寸应按所选定的便器规格型号及卫生间设计布局正确留口，待地面饰面工程完成后即可安装坐便器。坐便器与地面之间的接缝用硅酮胶密封。

2）蹲式大便器单独安装应根据卫生间设计布局确定安装位置。其下水口中心距后墙面距离为 640 mm，且左右居中水平安装。

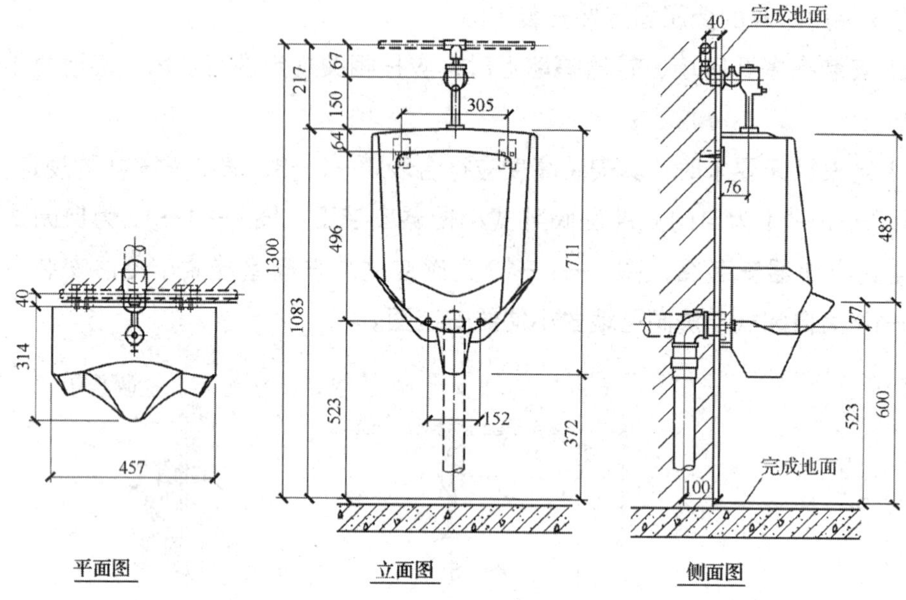

图 7—1—12　自闭式冲洗阀壁挂式小便器安装图

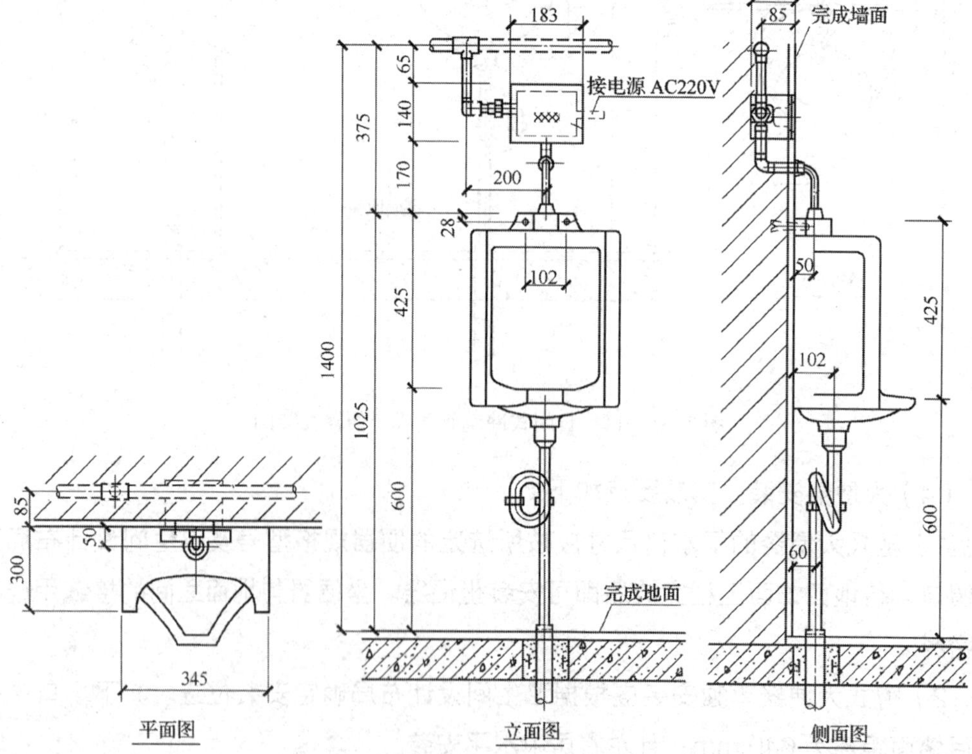

图 7—1—13　感应式冲洗阀壁挂式小便器安装图

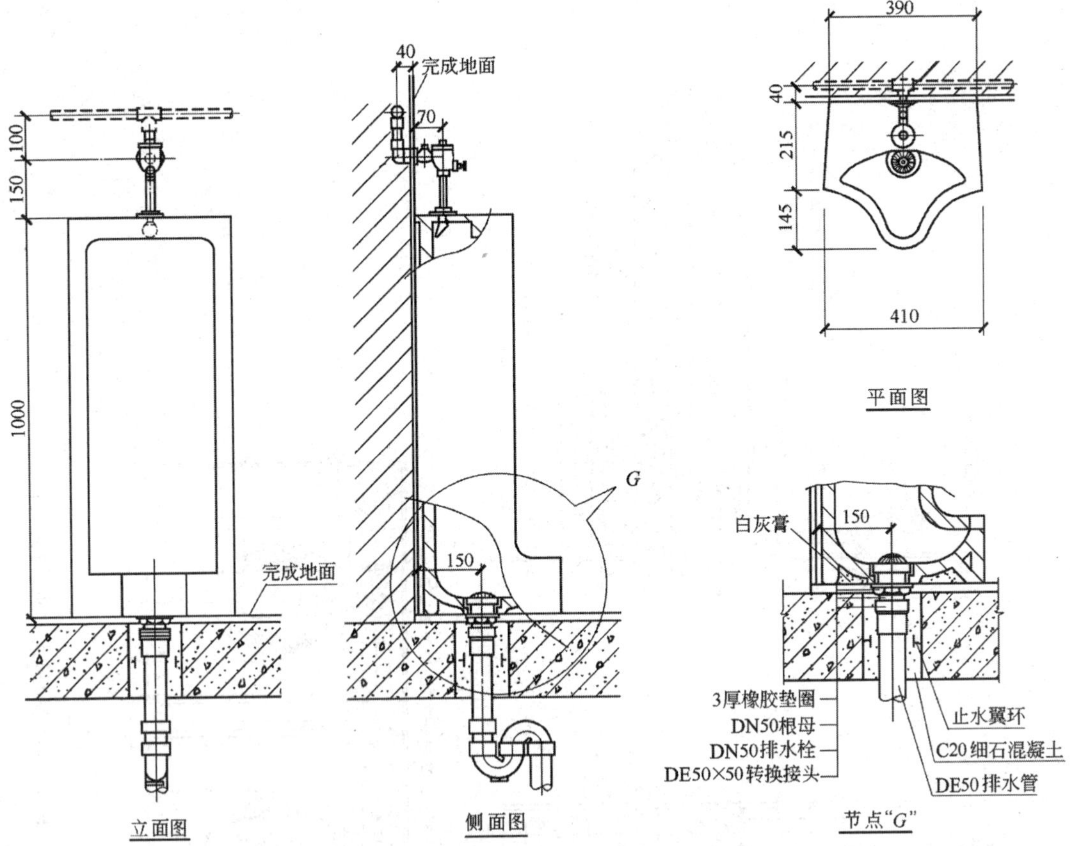

图 7—1—14　自闭式冲洗阀落地式小便器安装图

3）带有轻质隔断的成排蹲式大便器安装，其中对中之间的距离不应小于 900 mm，且左右居中水平安装。

4）蹲式大便器四周在打混凝土地面前，应抹填白灰膏，然后两侧用砖挤牢固。

5）所有暗埋给水管道隐蔽验收合格，且留口标高、位置正确。

图 7—1—15 为自闭式冲洗阀蹲式大便器安装图，图 7—1—16 为感应式冲洗阀蹲式大便器安装图，图 7—1—17 为坐箱式坐便器安装图，图 7—1—18 为自闭式冲洗阀坐便器安装图。

6. 卫生器具给水配件安装

（1）浴盆给水配件安装

1）混合水嘴安装。将冷、热水口清理干净，把混合水嘴转向对丝抹铅油，缠生料带，带好护口盘，用专用扳手分别拧入冷、热水预留口内。校好尺寸、找平、

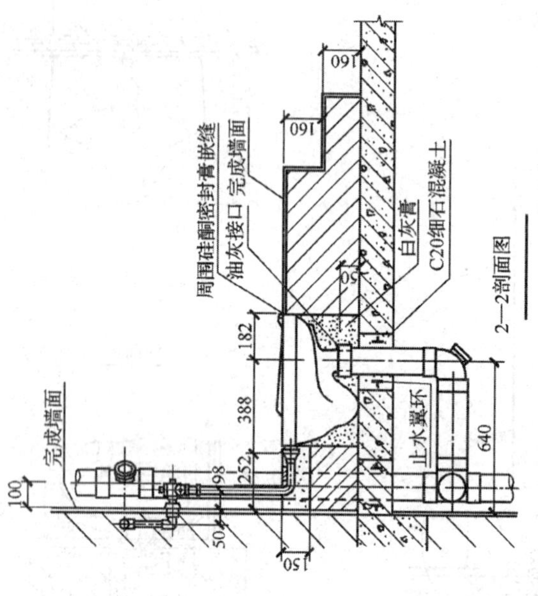

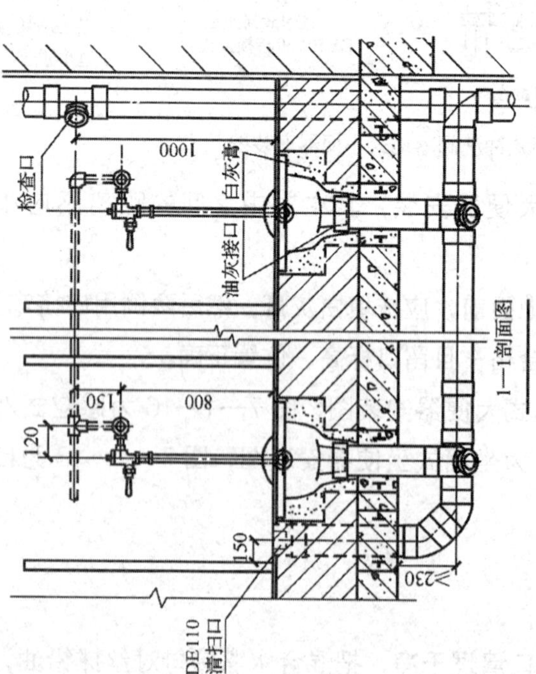

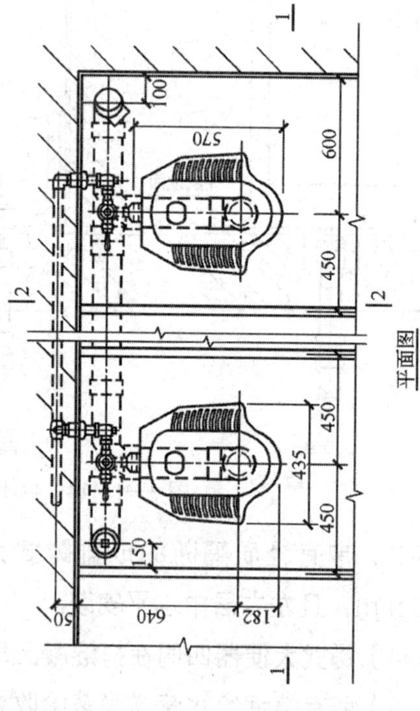

图 7—1—15　自闭式冲洗阀蹲式大便器安装图

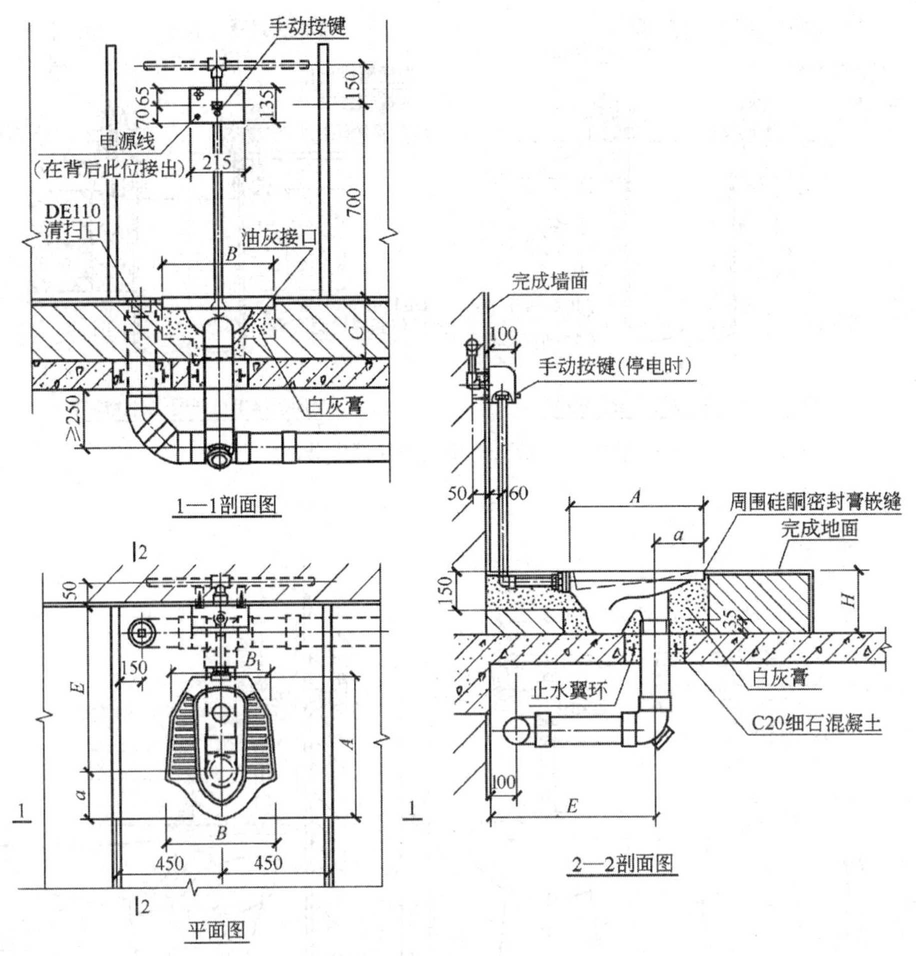

图 7—1—16　感应式冲洗阀蹲式大便器安装图

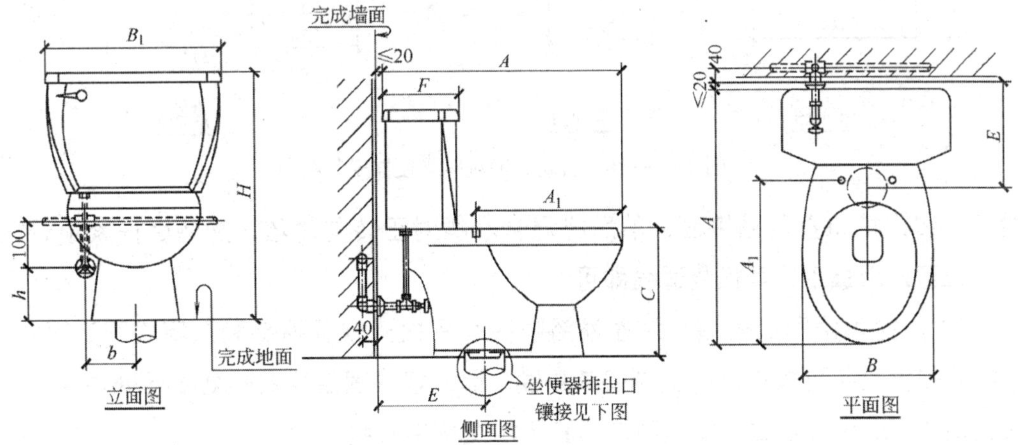

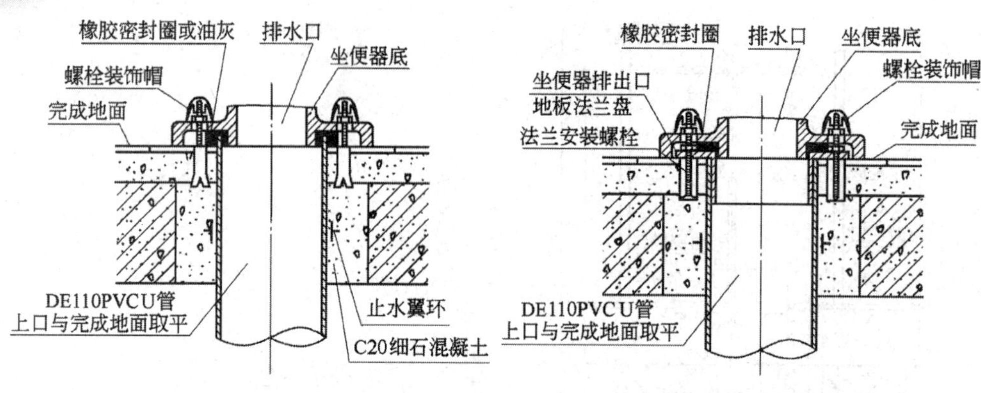

图 7—1—17　坐箱式坐便器安装图

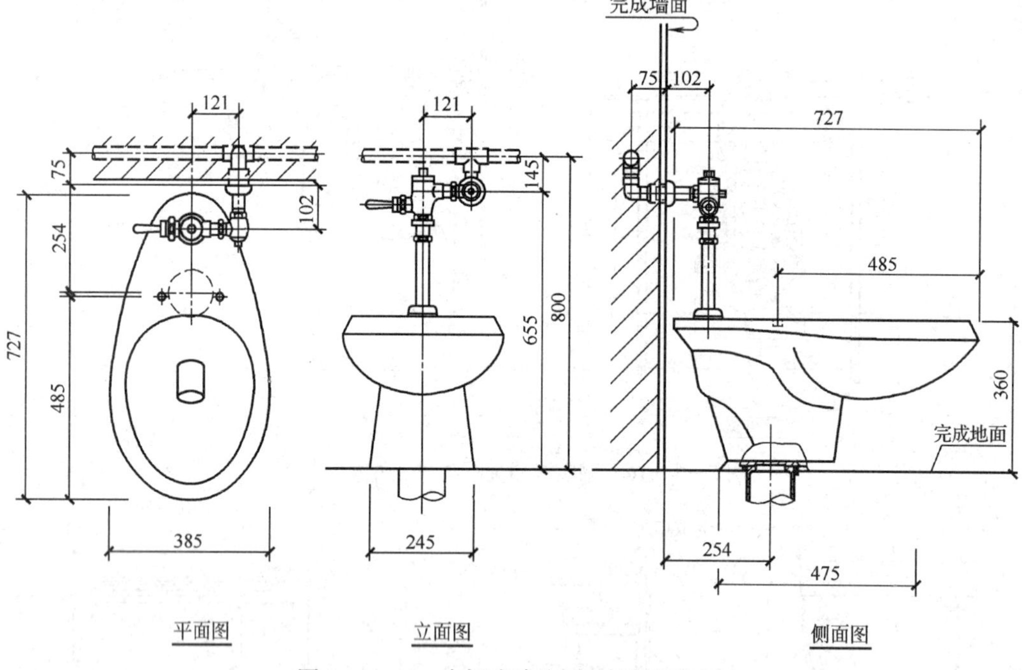

图 7—1—18　自闭式冲洗阀坐便器安装图

找正，装饰护口盘紧贴墙面，然后将混合水嘴对正转向对丝，加垫后拧紧锁母找平、找正，用扳手拧至松紧适度即可。

2）浴盆淋浴喷头安装。浴盆淋浴喷头有手提式软管喷头和入墙式固定喷头。手提式软管喷头可放在滑杆上调整其高度，而入墙式固定喷头的高度不可调整，一般距地 1 800 mm 左右，安装时应垂直于水龙头中心线。

（2）洗脸盆水嘴安装。将水嘴根母、锁母卸下，在水嘴根部套上浸油橡胶垫片，插入脸盆给水孔眼，下面再套上垫圈，带上根母后，用手找正水嘴，用扳手将锁母紧至松紧适度。

目前市面上出售的各种给水配件品种繁多，安装时应详细阅读安装技术说明，在其说明指导下进行安装。

7. 通水试验、满水试验

卫生洁具安完后进行通水试验前应检查地漏是否畅通，各分户阀门是否关好，然后按层段分房间逐一进行通水试验，以免漏水使装修工程受损。

满水试验应检查各连接件是否不渗、不漏。

填写卫生器具通水、满水试验记录。

六、卫生间设备安装质量控制

1. 卫生器具安装

（1）主控项目

1）排水栓和地漏的安装应平正、牢固，低于排水表面，周边无渗漏。地漏水封高度不得小于 50 mm。

检验方法：试水观察检查。

2）卫生器具交工前应做满水和通水试验。

检验方法：满水后各连接件不渗不漏；通水试验给水、排水畅通。

（2）一般项目

1）卫生器具安装的允许偏差应符合表 7—1—5 的规定。

表 7—1—5　　卫生器具安装的允许偏差和检验方法

项次	项目		允许偏差（mm）	检验方法
1	坐标	单独器具	10	拉线、吊线和尺量检查
		成排器具	5	
2	标高	单独器具	±15	
		成排器具	±10	
3	器具水平度		2	用水平尺和尺量检查
4	器具垂直度		3	吊线和尺量检查

2）有饰面的浴盆，应留有通向浴盆排水口的检修门。

检验方法：观察检查。

3）小便槽冲洗管，应采用镀锌钢管或硬质塑料管。冲洗孔应斜向下方安装，冲洗水流同墙面成45°角。镀锌钢管钻孔后应进行二次镀锌。

检验方法：观察检查。

4）卫生器具的支、托架必须防腐良好，安装平整、牢固，与器具接触紧密、平稳 。

检验方法：观察和手扳检查。

2. 卫生器具给水配件安装

（1）主控项目。卫生器具给水配件应完好无损伤，接口严密，启闭部分灵活。

检验方法：观察及手扳检查。

（2）一般项目

1）卫生器具给水配件安装标高的允许偏差应符合表7—1—6的规定。

2）浴盆软管淋浴器挂钩的高度，如设计无要求，应距地面1.8 m。

检验方法：尺量检查。

表7—1—6　　卫生器具给水配件安装标高的允许偏差和检验方法

项次	项目	允许偏差（mm）	检验方法
1	大便器高、低水箱角阀及截止阀	±10	尺量检查
2	水嘴	±10	
3	淋浴器喷头下沿	±15	
4	浴盆软管淋浴器挂钩	±20	

3. 卫生器具排水管道安装

（1）主控项目

1）与排水横管连接的各卫生器具的受水口和立管均应采取妥善可靠的固定措施；管道与楼板的接合部位应采取牢固可靠的防渗、防漏措施。

检验方法：观察及手扳检查。

2）连接卫生器具的排水管道接口应紧密不漏，其固定支架、管卡等支撑位置应正确、牢固，与管道的接触应平整。

检验方法：观察及通水检查。

（2）一般项目

1）卫生器具排水管道安装的允许偏差应符合表7—1—7的规定。

表 7—1—7　　卫生器具排水管道安装的允许偏差及检验方法

项次	检查项目		允许偏差（mm）	检验方法
1	横管弯曲度	每 1 m 长	2	用水平尺量检查
		横管长度≤ 10 m，全长	< 8	
		横管长度> 10 m，全长	10	
2	卫生器具的排水管口及横支管的纵横坐标	单独器具	10	用尺量检查
		成排器具	5	
3	卫生器具的接口标高	单独器具	± 10	用水平尺和尺量检查
		成排器具	± 5	

2）连接卫生器具的排水管管径和最小坡度，如设计无要求时，应符合表 7—1—8 的规定。

检验方法：用水平尺和尺量检查。

表 7—1—8　　连接卫生器具的排水管管径和最小坡度

项次	卫生器具名称		排水管管径（mm）	管道最小坡度（‰）
1	污水盆（池）		50	25
2	单、双格洗涤盆（池）		50	25
3	洗手盆、洗脸盆		32 ~ 50	20
4	浴盆		50	20
5	淋浴器		50	20
6	大便器	高、低水箱	100	12
		自闭式冲洗阀	100	12
		拉管式冲洗阀	100	12
7	小便器	手动、自闭式冲洗阀	40 ~ 50	20
		自动冲洗水箱	40 ~ 50	20
8	化验盆（无塞）		40 ~ 50	25
9	净身器		40 ~ 50	20
10	饮水器		20 ~ 50	10 ~ 20
11	家用洗衣机		50（软管为 30）	

七、质量验收及检验

质量验收及检验参照《建筑装饰装修工程质量验收规范》(GB 50210—2011)、《住宅室内装饰装修工程质量验收规范》(JGJ/T 304—2013)，以及有关室内卫浴工程质量验收规定执行。

思考与练习

1. 洗脸(手)盆的安装要点是什么?
2. 浴盆安装要点是什么?
3. 小便器安装要点是什么?
4. 大便器安装要点是什么?
5. 卫生器具安装的检验项目有哪些?如何检验?
6. 卫生器具排水管道安装的检验项目有哪些?如何检验?
7. 卫生器具给水管道安装的检验项目有哪些?如何检验?

第二节　厨房设备安装管理

厨房设备，是指放置在厨房或者供烹饪用的设备、工具的统称。厨房设备通常包括烹饪加热设备，如炉具类，包括燃气炉、蒸柜、电磁炉、微波炉或电烤箱；处理加工类，包括和面机、馒头机、压面机、切菜机、绞肉机、榨(压)汁机等；消毒和清洗加工类器具，包括清洗工作台、不锈钢盆台、洗菜机、洗碗槽或洗碗机、消毒碗柜；用于食物原料和半成品的常温和低温储存设备，包括平板货架、米面柜、冰箱、冰柜、冷库等。通常厨房的配套设备包括：通风设备，如排烟系统的排烟罩、风管、风柜；处理废气废水的油烟净化器、隔油池等；大型餐饮业还包括传菜电梯。

一、厨房设备安装注意事项

1. 厨具的安装应在厨房的装修及卫生工作全部就绪后进行。

2. 厨具的安装要求专业人员进行测量、设计，确保制作的尺寸正确。厨具及吊柜(厨具下有调整脚)水平。燃具和台面接缝处用硅胶做防水处理，以防积水渗漏。

3. 安全第一，检查厨具五金件（铰链、拉手、道轨）是否安装牢固，吊柜是否安装牢固。

4. 安装流程：墙、地面基层处理→安装产品检验→安装吊柜→安装底柜→接通调试给、排水→安装配套电器→测试调整→清理。

5. 厨房设备安装前的检验。

6. 吊柜的安装应根据不同的墙体采用不同的固定方法。

7. 底柜安装应先调整水平旋钮，保证各柜体台面、前脸均在一个水平面上，两柜连接使用木螺钉，后背板通管线、表、阀门等应在背板划线打孔。

8. 安装洗物柜底板下水孔处要加塑料圆垫，下水管连接处应保证不漏水、不渗水，不得使用各类胶黏剂连接接口部分。

9. 安装不锈钢水槽时，保证水槽与台面连接缝隙均匀，不渗水。

10. 安装水龙头，要求安装牢固，上水连接不能出现渗水现象。

11. 抽油烟机的安装，注意吊柜与抽油烟机罩的尺寸配合，应达到协调统一。

12. 安装灶台，不得出现漏气现象，安装后用肥皂水检验是否漏气。

二、质量验收及检验

质量验收及检验参照《建筑装饰装修工程质量验收规范》（GB 50210—2011）、《住宅室内装饰装修工程质量验收规范》（JGJ/T 304—2013），以及有关室内厨房工程质量验收规定执行。

思考与练习

1. 参考有关工程质量验收规范，厨房设备检验主控项目包括哪些?

2. 如何检验家里的燃气罩软管连接处或软管是否有漏气现象?

第三节　热水器安装管理

热水器就是指通过各种物理原理，在一定时间内使冷水温度升高变成热水的一种装置。按照原理不同可分为电热水器、燃气热水器、太阳能热水器、磁能热水器、空气能热水器（空气能热水器也称空气源热泵热水器、冷气热水器 、空气能热泵热水器等）。目前较为常用的是前三种热水器。

一、电热水器

以电作为能源进行加热的热水器通常称为电热水器。电热水器是与燃气热水器、太阳能热水器相并列的三大热水器之一。电热水器按加热功率大小可分为储水式（又称容积式或储热式）、即热式、速热式（又称半储水式）三种。

电热水器给消费者带来简单舒适的体验，耗能低，使用方便，受到广大消费者的欢迎。随着人们对安全问题的不断重视，电热水器的安装使用能够避免很多安全隐患。电热水器安装图如图 7—3—1 所示。

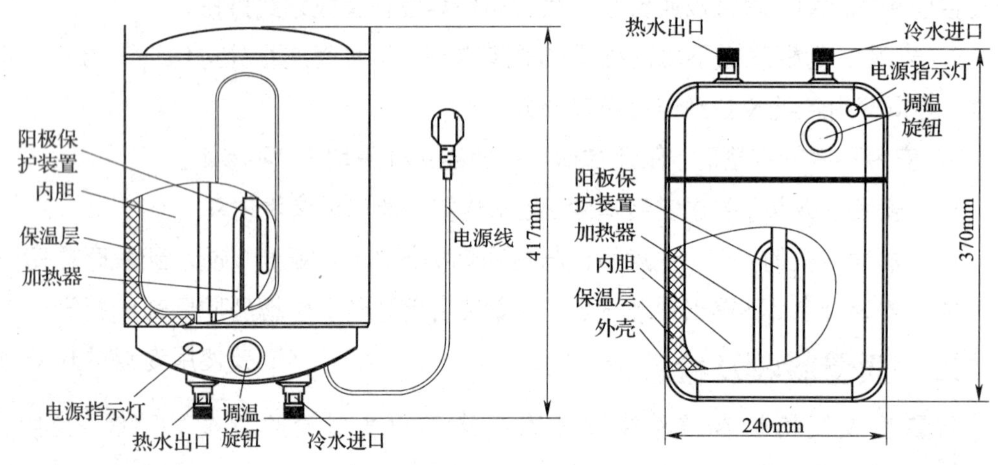

图 7—3—1　电热水器安装图

1. 电热水器安装步骤

（1）确定安装位置。如图 7—3—2 所示，先确定电热水器安装的位置在哪里，用铅笔标记出来，然后固定热水器。固定热水器可以采用冲击钻打孔安装膨胀钉固定，也可以用细铁丝将热水器捆绑在固定物上，只要安装牢固稳定即可。

（2）连接水管。安装固定好热水器之后，将进出水管拿出安装好，旋紧并固定，然后放水充满容器。

（3）安装电线。要确定电线的连接方式，准确连接电源火线、零线及地线，确定插头、插座连接方式。

（4）检测使用。安装完毕之后要对电热水器水电进行检测，确保无漏水漏电的现象发生，检测正常即可通电使用。

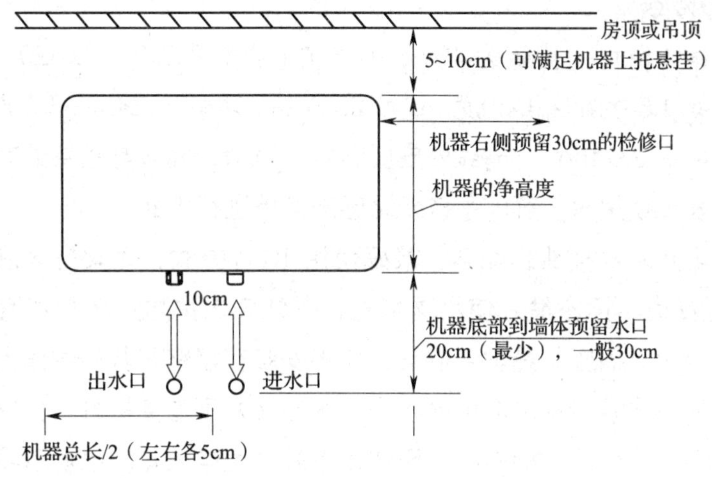

图 7—3—2 电热水器安装预留位置示意图

2. 电热水器安装要求

（1）必须由专业人员进行安装。电热水器由于其特殊的性能，安装有一定的复杂性和难度，所以在安装时必须由专业人员进行安装。如不同墙面的打孔，装饰材料的特殊处理，特别是浴室中预埋电源线、水管等，需要使用专业的仪器预先进行探测、定位才能安装。除了管线要求连接严密之外，还要考虑热水的保温、管路的长短和走线路径、外观的整齐、水管的接地等。这样可以确保安装过程规范，也可以根据用户具体的环境设计不同的安装方案，保证热水器能够正常使用。

（2）对家庭用电标准的要求。按照国家标准，家用电力设备的电源应采用单相三线 50 Hz 220 V 交流电。电源的三线——火线、零线、地线连接正确且与外标识相符合，接地良好，绝缘保护完好，电线线径满足容量负荷要求。国家标准中规定供电电压允许偏差为 –10% ~ 7%，按照 220 V 标准电压计算就是 198 ~ 235 V 之间。对于电热水器产品，则偏差相应扩大到 –15% ~ 10%，即 187 ~ 242 V 之间。在用电负荷相对集中的地区，应适当再做扩大。

（3）对保护开关的要求。对于储水式电热水器应单独设置供电线路，不要再与其他大功率电器共用一条电源线，要单独设漏电、过载、过流等保护装置，其保护的电流值水平不得大于单一电器额定电流的 2 倍。

（4）对于电源线和插座的要求。电源配线不能过细，功率应比电器的额定最大用电功率大 50% 或以上，电流为 6 ~ 10 A 的（功率 1 320 ~ 2 200 W），选用电源线横截面积≥ 1 mm^2；电流为 10 ~ 16 A 的（功率 2 200 ~ 3 520 W），选用电源线横截面积≥ 1.5 mm^2；电流为 16 ~ 25 A 的（功率 3 520 ~ 5 500 W），选用电源线横截面积≥ 2.5 mm^2。电线外皮应防水、耐磨，线头与接头处有充分、良好的牢固连接。长期使用时，可以手持无温感来简单进行判断。

插座应与电热水器插头相配套，最好使用 16 A 方式，尤其是电热水器额定功耗超过 2 000 W 时。插座最好使用防水式，有外壳保护防止水与蒸汽进入插头和插座的连接缝隙中。插座尽量垂直放置，如果安装在墙壁和其他物体上，应尽量远离水源或喷头处，洗浴者及洗浴中的水流、水花最好不直接接触。插座应易于牢固连接，防止电源引线拉动、触碰时，因连接不好产生电火花。电源引线较长时应进行捆绑、黏附并固定到不易移动的物体上。

（5）对水路的要求。为了保证电热水器的最佳使用效果，电热水器的出水管道最好要小于 3 m，使用完后要先关电后关水，以免引起干烧起跳或超温。快速电热水器不要采用多路供水，如必须多路供水，须由专业人员进行安装指导。安装热水器时务必在进水端安装角阀。

（6）对于安装位置的要求。电热水器需安装在干燥处，确保水喷不到，要求通风状况良好，排水状况良好，应安装有地漏和导流管。

3. 质量验收

电热水器的安装验收参照执行国标《电热水器安装规范》（GB 20429—2006）中对用电环境、安装环境、安装过程做出的要求，其主要规定如下：

（1）电源检查。电热水器所用电源一般应为频率 50 Hz，电压额定值在 90% ~ 110% 范围内的单相 220 V 交流电源。安装时应具备与待装热水器铭牌标示参数符合的的电源电压，满足接地可靠和便于安装等条件。

1）检测电压。检查安装使用场所的电源电压、接地线、导线规格，以及插座、熔断器或空气开关等是否能满足所用电热水器电压的要求；电热水器要使用单独三相插座。

2）电、气接头尽量接至电热水器安装位置 1 m 以内，设置单独使用的三相插座，2 000 W 及以下的功率一般需选配 10 A 插座，2 500 W 以上的需选配 16 A 插座。

（2）电气安全检验

1 ）插座的火线和零线位置检查。使用相位仪或试电笔、万用表检查热水器将要使用的插座，确保火线和零线的安装正确。正确的接线应为 L—E 为 220 V 左右，L—N 为 220 V 左右，N—E 应为 0 V 或 5 V，若 N—E 之间有 220 V 左右电压，地线带电，千万不能使用。测量其电阻：N—E 间的电阻值为无穷大；如电阻值接近为零，则表明零线与地线已短接。正常时电阻值应大于 10 MΩ。

2）接地检查。通过视检和使用有效或专用接地测量装置（接地电阻仪、相位仪、电源检测仪等），对安装固定好的热水器电源的接地进行检查，并对其接地可靠性进行判定。接地装置的接地电阻值一般不宜超过 10 Ω。

（3）水压检查。水压达到 0.14 MPa 为符合可用范畴，如果水压过低，需安装增压泵；如果水路有增压设备，确保冲力不能超过产品最高极限，发现超过时需安装减压阀。

选择距离电热水器接近的自来水口，或用户预留的冷水接口，在距电热水器进水接口 300 ~ 500 mm 处、便于操作的位置宜加装一个阀门（球阀或三角阀，不可使用止回阀）。

（4）安装位置。电热水器需安装在室内，不可放置在室外或风吹雨淋的地方和存在腐蚀性、易燃易爆物质的环境内，环境温度需常年高于 0℃；避开人工强电、磁场直接作用的地方，尽量避开易产生振动的地方；便于日后维修、保养、更换、移机、拆卸，热水器安装位置必须预留出一定空间。

（5）安装面

1）热水器需安装在承重墙体上，原则上墙体要能承受电热水器加满水后 4 倍的重量，若无法满足本项要求，则需要安装吊架或穿墙螺栓，并使用托架支撑。

2）热水器的安装应坚固结实，安装面具有足够的承重能力。安装在建筑物的墙壁或屋顶时，必须是实心砖、混凝土或与其强度等效的安装面，其结构、材料应符合建筑方面的有关要求。

3）安装面为木质、空心砖、金属、非钢筋混凝土的，其强度明显不足时，应采取相应的加固、支撑和减振措施，以防止影响热水器的正常运行或导致安全危险。

4）电热水器不可安装在浴霸等大功率散热电器或热源附近，至少需 50 cm 间距。

5）安装位置应有足够的维修空间，右侧（电器元件部分）需与墙面至少距离 30 cm，若电热水器安装在吊顶内，则电热水器右侧吊顶盖板需可活动，便于日后检修。

6）电热水器附近要有地漏等排水设施，便于安装泄压阀、排水管，及日后维修保养。

7）电热水器的安装应尽可能靠近使用热水的地点，以减少热量因水管太长造成的损耗。

（6）水路安装

1）进水管路密封材料可使用生料带或麻丝与生漆混合使用，也可使用密封胶。

2）管路必要时做保温处理，确保横平竖直，整洁美观，管路需使用管卡或扣座固定。

3）不可对电热水器直接进行热熔焊管道连接，若需热熔焊，需先将管道焊接在单独的接头上，再连接到电热水器进口。

4）在电热水器进水管前必须安装随机配送的安全阀（或称单向泄压阀），安全阀箭头方向指向电热水器，不可装反，泄水口处应接泄水管引至附近地漏等排水处；严禁用其他安全阀代替。

5）如自来水压力接近或超过安全阀设定值上限时（高层安装要注意，具体参数参考说明书），必须在远离电热水器的自来水管上安装减压阀。

6）电热水器必须安装混水阀或混水管路方可使用（双柄混水阀安装在进水管单向泄压阀下端）。

7）储水式电热水器的泄压阀排水口的水管必须接至距地面 20 cm 的位置，保证泄压不对人身造成伤害。

8）安装完毕后应进行试水，保证没有泄漏。检查管路连接处，确定没有渗漏。

9）安装完毕注满水后，应对所安装的电热水器进行承重试验，保证电热水器挂牢固。

（7）调试

1）把混水阀转到热水方向，打开热水龙头，打开冷水进水管路上的阀门（三角阀等），向电热水器内注水并排放炉内空气；待热水龙头有水流出后，说明水已注满，关闭热水龙头，冷水阀门保持常开，检查各处管路是否有渗漏，如有，需修复漏水处。

2）注水完毕可插上电源，打开电源开关。

二、燃气热水器

燃气热水器又称燃气热水炉，它是指以燃气作为燃料，通过燃烧加热方式将热量传递到流经热交换器的冷水中以达到制备热水目的的一种燃气用具。

1. 燃气热水器安装步骤

（1）布管与安装阀门。在预留位置处插入燃气热水器专用的螺纹管，预留的孔洞要稍微大一点，以免还要重新打洞返工。孔边有毛刺的话，可以在热水器安装完毕后用盖子盖上，然后用玻璃胶固定好。安装前先将屋内水阀完全关闭，防止漏水，然后将热水阀安装在安装者面对的左边，冷水阀安装在右边。

（2）安装燃气阀门。将热水器的燃气管道与气表连接时，需要装一个三角阀门，将原来只供灶具的燃气管道变成可同时供灶具和热水器使用的管道。最好选用球阀，这样开关比较方便。

（3）安装排烟管道。排烟口都是由开发商统一设计的，已预留位置，因此排烟管道最好在热水器上墙前就布置好，否则位置不好调整。排气管与墙壁之间的盖子最好选用金属材质的，原本预留的塑料材质最好不要用，因为热水器在使用时排气管的温度会很高，会把塑料的盖子烤化。要注意内高外低，防止雨水倒灌。

（4）热水器安装前打洞。需要详细测量确定热水器安装的位置（图7—3—3），然后用笔在墙壁上画出需要打洞的位置，并打孔，上膨胀螺钉。钻完孔把热水器先挂上去，再划定出下方孔洞的位置，然后钻头打孔。

（5）热水器安装后调整。热水器上墙以后，需要做最后的调整。螺纹管外部的黄色软管需要剪掉，这样才能保证美观。一切安装完毕后，再做试机工作。

2. 燃气热水器安装注意事项

（1）管路安排。燃气热水器的安装，需要在水电改造阶段就充分做好安排，与燃气热水器相关的管路有3个：冷水进水管、热水出水管、燃气进入管。需要注意的是这3个管的相互位置，不同型号的燃气热水器都不一样，所以需要先确定购买的燃气热水器型号，然后根据机器的实际型号来预留这3个管路的位置。

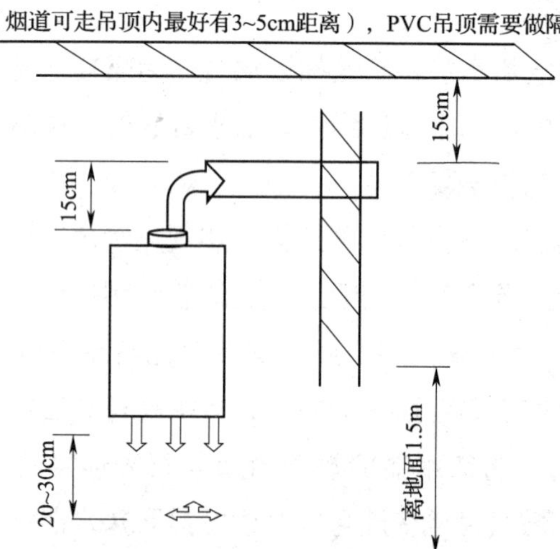

图7—3—3　燃气热水器安装位置示意图

（2）走管位置。由于水管一般都走顶，所以从燃气热水器的冷热水口一般是往上走，而且走管位置一般还正好位于以后热水器安装的正中位置，这里要注意，由于固定燃气热水器需要在墙上打钉，所以走管的时候应该刻意避开将来需要固定热水器的打钉处，同样，给燃气热水器预留的插座的电路走线也要避开打钉处。

（3）排气管选择。常用的燃气热水器都是强排式，需要往室外排气，这个气体一般都有一定温度，所以燃气热水器的排气管都是金属的，日后使用中，此金属排气管也是有温度的，所以，此排气管的安装应该注意避开一般同在吊顶中的抽油烟机排气管，因为抽油烟机的排气管都为塑料的，长期局部受热容易老化损坏。

（4）燃气热水器位置。有的型号的燃气热水器可以包到橱柜里，但有的型号的燃气热水器包到橱柜里会使其燃烧不充分，甚至会频繁灭火，具体需要咨询专业人士。即便可以包到橱柜里的燃气热水器，也应该尽量增大其通风，例如此处橱柜吊柜应该不做顶底板、安装百叶门。

3．验收

燃气热水器的验收可参照《家用燃气热水器》（GB 6932—2001）中的相关规定进行。

三、太阳能热水器

如图 7—3—4 所示，太阳能热水器将太阳光能转化为热能，将水从低温加热到高温，以满足人们在生活、生产中的热水使用需求。太阳能热水器按结构形式分为真空管式太阳能热水器和平板式太阳能热水器，以真空管式太阳能热水器为主，占据国内 95% 的市场份额。真空管式家用太阳能热水器由集热管、储水箱及支架等相关附件组成，把太阳能转换成热能主要依靠集热管，集热管利用热水上浮冷水下沉的原理，使水产生微循环而得到所需热水。

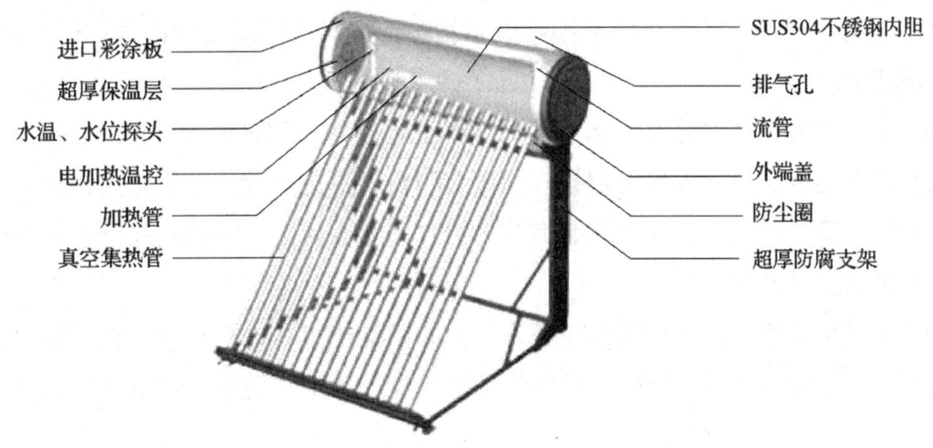

图 7—3—4　太阳能热水器结构

1．太阳能热水器安装要求

（1）安装工作最好由专业人士承担。

（2）热水器安装在全天无遮阳的地方，主体朝阳（正南或者偏西 10° 左右），并固定牢固，以免恶劣、强台风天气吹倒热水器。

（3）热水器主机安装顺序：先组装支撑架，后安装保温水箱，再安装真空集热管，最后固定支架与水箱之间的连接螺栓，连接管路和电路后固定太阳能支架脚托。

（4）安装真空集热管时，先将尾托卡入尾托板，然后在真空集热管环形口外壁涂上润滑液（如洗洁精或其他安全、卫生的润滑剂），套上防尘圈后，将真空集热管中心轴线与水箱真空管孔中心轴线对准，慢慢旋转进太阳能保温水箱内，再慢慢旋转拉回尾座上。应注意，先安装保温水箱边侧的真空集热管，调整好真空集热管与保温水箱孔周围的间隙。热水器主机安装完成后，旋紧各处螺母，再进行进出水管路和其他配件的安装。

（5）热水器进出水管可以使用同一条管路，也可以分别安装。管件材料可以选用 PPR 冷 / 热水管、冷 / 热铝塑复合管或 PEX 管。建议管件外侧安装保护材料，不仅可以对太阳能热水器管路进行保温，同时也可以有效保护管路，延长管路使用寿命。在自然落水式安装情况下，管路走向应该从高到低，不能出现反坡现象，否则容易造成“气堵”，引起供水中断。要妥善安装好排气孔、溢流孔，上排气，下溢流，以免因通气不畅而胀坏或抽瘪保温水箱，严禁在溢流孔或排气口安装阀门，以防堵塞通路。

（6）严禁真空集热管在无水空晒后突然注入冷水（TTR 管除外），以防止真空集热管在高温下突然遇冷水而爆裂。如果在烈日下进行安装，可用遮阳物遮阴，或将真空集热管注水安装。全部安装完毕后可立即上水。上水时间应在日落半小时之后到早晨温度不高时。

（7）采用膨胀螺栓或拉钢丝绳等方法对太阳能热水器进行加固，也可以用混凝土墩加固。布置管路时不能破坏建筑物外形美观，上下水管道要与建筑物之间固定牢固。

2. 常见的几种安装方案

太阳能热水器安装主要有以下几种方式：

（1）手动控制太阳能热水器安装方案。图 7—3—5 是最简单的手动控制太阳能热水器安装图。在用户房间内，打开进水阀门，自来水通过打开的手阀进入太阳能热水器水箱，待水箱的水装满了，就会通过排气口外接的管道流出来，流到用户的接水槽，使用者看到水流出的信号，关掉进水阀，太阳能热水器进水过程

结束。太阳能热水器水箱的水经一天的太阳照射，水温逐步提高，晚上就可以使用了。

（2）减压阀控制的机械自动进水方案（图 7—3—6）。由于手动进水存在不方便的地方，人们采用了一些机械式自动进水的方法，在这里介绍的是一种比较普遍、安装比较简单且可靠的方案，减压阀是一种常用的机械式自动进水的控制部件，它的可靠性较高。

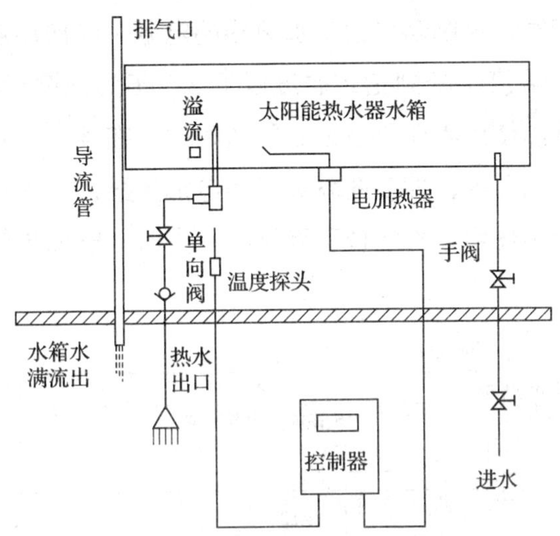

图 7—3—5　手动控制太阳能热水器安装图

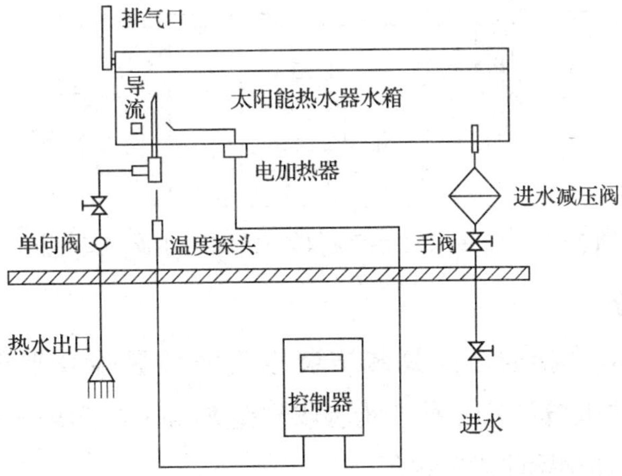

图 7—3—6　减压阀控制的机械自动进水方案

（3）带太阳能控制仪的太阳能热水器的安装方案。如图 7—3—7 所示，这是太阳能热水器安装中应用最广泛的方案，太阳能热水器的运行由太阳能控制仪控制，当太阳能热水器水箱水位低于最低水位时，由控制器打开电磁阀，使得水箱进水，当水位升到用户设定的最高水位时，控制器关闭电磁阀，进水停止。使用者可以设定上水时间，当设定时间到时，只要水位不超过最高水位，控制器就打开电磁阀进水，直至水位达到最高水位。控制器也可以手动强制进水，当按下手动进水键时，控制器打开电磁阀进水直到水位达到最高水位为止。控制器还可以控制电加热，当按下电加热键时，控制器导通电加热器的电源，电加热器工作，直至达到使用者指定的温度。当温度下降到指定温度以下 3 ~ 5℃，控制器重新启动电加热，将水加热至指定温度。使用者还可以设定加热时间，在某一时间，太阳能热水器水箱的温度达不到设定的温度，控制器就会导通电加热器，将水箱的水加热至设定的温度。控制器还有保护作用，当水位下降到某一点时，电加热停止，直到水位回升到该点以上。

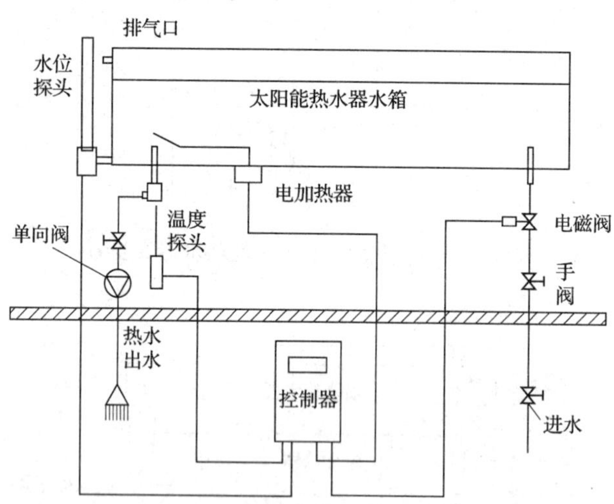

图 7—3—7　带太阳能控制仪的太阳能热水器的安装方案

3. 质量验收

质量验收及检验参照《建筑装饰装修工程质量验收规范》（GB 50210—2011）、《住宅室内装饰装修工程质量验收规范》（JGJ/T 304—2013），以及有关太阳能热水器安装质量验收规定执行。

思考与练习

1. 安装电热水器时对于线和插座有哪些要求?
2. 安装燃气热水器时对排气管的选择和安装有哪些要求?
3. 太阳能热水器的安装工艺流程是什么?